乡村振兴·农民培训精品教材

植保绿色防控与无人机应用技术

许文博 魏冲 陈莉 ◎ 主编

中国农业科学技术出版社

图书在版编目（CIP）数据

植保绿色防控与无人机应用技术／许文博，魏冲，陈莉主编．—北京：中国农业科学技术出版社，2020.8（2022.12重印）

ISBN 978-7-5116-4939-3

Ⅰ．①植…　Ⅱ．①许…　②魏…　③陈…　Ⅲ．①无人驾驶飞机-应用-植物保护　Ⅳ．①V279②S4

中国版本图书馆 CIP 数据核字（2020）第 156216 号

责任编辑	崔改泵
责任校对	李向荣

出 版 者	中国农业科学技术出版社
	北京市中关村南大街 12 号　邮编：100081
电　　话	（010）82109194（出版中心）　（010）82109702（发行部）
	（010）82109709（读者服务部）
传　　真	（010）82106650
网　　址	http://www.castp.cn
经 销 者	各地新华书店
印 刷 者	北京捷迅佳彩印刷有限公司
开　　本	880mm×1 230mm　1/32
印　　张	5.125
字　　数	138 千字
版　　次	2020 年 8 月第 1 版　2022 年 12 月第 2 次印刷
定　　价	30.80 元

《植保绿色防控与无人机应用技术》
编委会

前　言

　　绿色防控是以促进农作物安全生产、减少化学农药使用量为目标，采用生态控制、生物防治、物理防治，结合科学用药等措施，来控制有害生物的有效行为。植保无人机服务农业首先在我国南方应用于水稻种植区的农药喷洒。近几年来，农业植保无人机逐渐成为行业新宠，各地陆续出现使用无人机用于植保的案例。

　　本书共 10 章，内容包括：专业化植保防控基础知识、农作物病虫害绿色防控、蔬菜病虫害绿色防控、果树病害绿色防控、主要农作物田间杂草识别与防治、植保无人机概况、选配植保飞防药剂、植保无人机购置与飞防服务、无人机植保作业、植保无人机维护保养等内容。

　　本书可作为农业培训的教材，也可供从事相关专业的科研和工程技术人员阅读参考。

编　者
2020 年 6 月

目　录

第一章 专业化植保防控基础知识

第一节 专业化植保的重要性

一、落实植保理念的客观需要

根据现代农业发展对植保工作的需要，针对当前农业生物灾害发生的严峻形势，农业部研究提出了近期植保工作的发展思路：以科学发展观为指导，坚持"预防为主、综合防治"的植保方针，牢固树立"公共植保和绿色植保"的理念，完善"政府主导、属地责任、联防联控"三大机制，强化"项目投入、体系建设、法制建设"三大基础，分作物、分病虫、分阶段/分区域地打赢"区域性重大病虫歼灭战、局部性重大病虫突击战和重大疫情阻截战"三大战役，实现"保障农业生产安全、农产品质量安全和农业生态安全"三大目标。病虫害专业化防治是所有这些工作的着力点，是植保技术集成、推广、应用的具体体现，是贯彻植保方针、落实植保理念的重要抓手，是完善植保三大机制的落脚点，是强化植保三大基础的重要载体，是打赢三大战役、确保三大安全的重要手段。

二、确保农产品质量安全的客观需要

由于我国目前农业生产仍以分散经营为主，大多数农民缺乏病虫防治的相关知识，不懂农药使用技术，施药观念落后，仍习惯大容量、针对性的喷雾方法，农药利用率低，农药飘移

和流失严重，盲目、过量用药现象较为普遍。这不仅加重了农田生态环境的污染，而且常导致农产品农药残留超标等事件。推进专业化防治，可以实现安全、科学、合理使用农药，提高农药利用率、减少农药使用量，是从生产环节上入手，降低农药残留污染，保障生态环境安全和农产品质量安全的重要措施。同时，通过组织专业化防治，普遍使用大包装农药，减少了包装废弃物对环境的污染。

三、促进现代农业发展的客观需要

随着我国农业、农村经济的迅速发展，农业集约化水平和组织化程度的不断提高，土地承包经营权的有序流转，规模化种植、集约化经营，已成为农业、农村经济发展的方向，迫切需要建立健全新型社会化服务体系。病虫害专业化防治较好地解决了因农村劳动力大量转移、农业生产者老龄化和女性化导致的防治病虫害日趋困难等方面的难题，它是新型社会化服务体系的重要组成部分，有效地促进了规模化经营，促进了现代农业的发展。

四、实现可持续发展的客观需要

病虫害专业化防治组织的出现，改变了我们面对千家万户农民开展培训的困局，可以大大降低培训面，增强培训效果，解决农技推广的"最后一公里"问题。并通过他们提供的大面积防治服务，实现科学防治，可以迅速地将新技术推广普及开来。通过组织专业化承包防治，可以从规模和措施上统筹考虑，为了降低防治成本，而促使专业化防治组织开展规模化的农业防治、物理防治和生物防治等综合防治措施。同时，这一组织形式也为统一采取综合防治措施提供了强有力的保障，真正实行绿色防控，实现可持续发展。

五、确保农业生产安全的客观需要

农作物病虫发生具有"漏治一点，危害一片"的特点。实践证明，集中统一防治的效果明显高于分散防治。近年来，水稻"两迁"害虫、小麦条锈病、蝗虫、草地螟、草地贪夜蛾等重大病虫的发生范围扩大、危害程度加重，严重威胁着我国农业生产安全，仅仅依靠手动喷雾器单户分散防治，已不能控制病虫的危害。只有发展专业化防治，推行区域统一、快速、高效、准确的联防联治，才能提高防控效果、效率和效益，最大限度地减少病虫危害损失，保障农业生产安全。

第二节　农作物病虫害的防治技术措施

"预防为主，综合防治"一直是我国的植保工作方针。随着时代的发展，又提出了"绿色植保、公共植保、现代植保"的新的植保工作理念，把植保工作上升为政府行为和社会行为，提倡全社会共同参与，以建立有害生物阻击带为基础，绿色防控技术为依托，以产业结构调整、作物合理布局、推广种植丰产性好的抗病、耐病优良品种为重点，着力提高我国病虫害防治技术水平，进而提高作物产量水平，改善作物品质，提高农产品的商品率和市场竞争力，同时改善环境、保护人民群众身体健康，促进农业产业持续、稳定、健康发展。

植物保护工作不是通常认为的单纯的化学防治，而是要综合考虑环境和生态等多种因素，合理配套采用一系列的措施，最终达到防虫治病，将经济损失降到最低的一项综合的技术措施。

一、植物检疫

植物检疫是国家通过制定法律法规，通过采取检验检疫措施，避免检疫性有害生物传入非疫区或由疫区传出的一种强制措施，是保护当地农业生产和环境安全的第一道屏障，也是有效预防危险性病虫草害等有害生物入侵的第一道屏障。《中华人民共和国植物检疫条例》规定：凡种子、苗木或其他繁殖材料，在调出本行政区域以前，必须经过当地植物检疫部门的检验检疫，合格后才能凭调运检疫证书实施调运。而在当地繁殖的种子、苗木或其他繁殖材料，必须经当地植物检疫部门实施产地检疫，生产地块、繁殖材料经检验检疫合格后，才能实施生产，产出的产品也必须经过检验检疫，确认不带有检疫性有害生物后才能凭借产地检疫合格证进行加工、销售。需要调出的，必须凭产地检疫合格证办理调运检疫手续，才能调出。同样，外地的种子、苗木和其他繁殖材料在调入本地前，必须征得调入地检疫部门的批准，凭调出地的调运检疫证书才能调入。

另外，本地生产的植物或者未经加工，或者虽然经过加工但是依然有可能携带检疫性有害生物的植物产品，在调出本行政区域前，也必须经过检验检疫，合格后才能调运。比如当地生产的蔬菜、水果、粮食、花生以及稻草帘、苇帘、草袋等，调出本地前必须经过检验检疫，经检验检疫合格后才能调运。同样，外地的这些产品，在调入本地以前，也必须经过调出地植物检疫部门的检验检疫，凭借调运检疫证书才能调运到本地。

二、农业防治

农业防治就是通过合理调整生产管理和技术措施，创造不利于病虫草害生长发育的环境，进而控制其为害的方法。主要手段有：选育抗病虫或耐病虫品种、建立无病种苗基地、改变耕作模式、轮作倒茬、科学合理的灌溉、实施配方施肥等。

抗性品种的应用：例如抗虫棉的引进推广，把棉铃虫对棉花的危害程度降到了最低。但是需要指出的是，一些农民为了省钱，在棉花收获后，利用抗虫棉生产的棉籽继续播种，这是极其危险的。因为棉铃虫的抗性很强，一旦它适应了抗虫棉二代或者三代的抗性因子，棉花生产将面临灭顶之灾。

建立无病种苗基地：就是在育苗期间，选择没有种植过将要生产的产品的地块，来培育种苗。但是要明确的一点是，所选择的地块的前茬作物，不能带有和即将要种植的作物有互相感染的病虫害，否则是徒劳的，甚至会造成不必要的损失。例如廊坊市周边的广阳、安次区，因为多年种植番茄，近年根结线虫病发生较重，因此在育苗时要在未曾发生根结线虫的生茬土育苗，减少病原基数，减轻根结线虫的危害。

改变种植方式：比如通过起垄栽培可以阻断病害流行的环节，从而达到防病的目的。尤其在蔬菜生产中，通过把平畦栽培改为高垄栽培，就能有效控制个体之间病害随水传播，从而减轻危害。

轮作倒茬：众所周知，西瓜是不能连作的，因为重茬的话，土传病害会发生得很严重，轻者减产，重者绝收。所以采取不同的作物合理轮作倒茬，是减轻病虫为害的有效手段。像防治番茄根结线虫病一样，可以采取改种大田作物的方式来防治，效果肯定明显。

科学合理灌溉：水是宝贵的，但是也是造成病害流行的介质。通过科学合理的灌溉方式，改善田间小气候，有效降低田间湿度，比如改大水漫灌为滴灌、管灌，按照作物的生育期，采取不同的灌溉标准，就能既满足作物生长需求，又有效减轻病害的危害。

测土配方施肥：依据地块的土壤养分结构，采取配方施肥措施，既能减少投入，又能培育壮苗，从而提高作物本身的抗逆性，达到防病的目的。

三、物理防治

物理防治就是利用物理方法防治病虫害的方法，主要手段有诱杀、捕杀、温汤浸种、紫外线杀菌及应用除草膜、避蚜膜、防虫网等。

诱杀：就是利用害虫的某种趋性，通过人为设置的手段诱集害虫并杀死的手段。例如利用一些害虫的趋光性，利用高压汞灯、黑光灯、频振灯进行诱杀；利用温室白粉虱、蚜虫对黄色的趋性采用黄板诱杀；利用杨树枝诱杀棉铃虫等。

捕杀：就是采取人工捕捉的方式消灭害虫。比如利用金龟子的假死性，捕杀金龟子；利用春季挖树盘的方式防治果树上的食心虫等。

温汤浸种：在蔬菜育苗时应用比较广，主要是利用不同温度的水，来杀死附着在种子表面的病菌，从而为培育无病种苗奠定基础。

紫外线杀菌：就是通常使用的播种前晒种，它是利用太阳光中的紫外线杀灭病菌的一种有效手段。

除草膜、避蚜膜、防虫网的应用：除草膜就是一种用于除草的地膜，铺设以后可以避免杂草生长，进而实现控制危害的目的。避蚜膜就是银灰反光膜，通过它的应用，能有效减轻蚜虫为害。防虫网主要是应用在温室大棚的生产中，通过在棚内设置防虫网，实现阻止害虫侵入，达到防治害虫的目的。

四、生物防治

生物防治就是利用有益生物或者生物的代谢产物来防治病虫害的方法。生物防治主要包括以虫治虫、以菌治虫、以菌治菌、其他有益生物的利用、拮抗作用、交互保护和信息化学物质的利用等。比如用瓢虫防治蚜虫，通过人工饲养和释放赤眼蜂防治玉米螟。近几年在蝗区养鸡、鸭防治飞蝗，取得了很好的效果。

五、化学防治

化学防治就是利用农药对病虫害进行防治的方法，是最常见也是最常用的防治方法。化学防治的优点在于能够快速、高效、及时地对病虫进行防治，具有广谱性和使用方便的特点。但是，化学防治也存在很多缺点，比如容易引起人畜中毒、污染环境、杀伤有益生物、破坏生态平衡、病虫容易产生耐药性等。

第二章　农作物病虫害绿色防控

第一节　小麦

一、小麦锈病

小麦锈病分为三种，即条锈病、叶锈病和秆锈病，俗称"黄疸病"，是我国小麦生产中的重要病害，其中以小麦条锈病发生最为普遍。主要分布于西北、西南、华北、黄淮及长江中上游小麦产区。由于其具有大区流行特性，对小麦生产威胁很大，严重时可减产 50%~70%。

防治措施

（1）农业防治。①种植抗病品种。②适期播种，适当晚播，可减轻秋苗期条锈病的发生。③小麦收获后及时翻耕灭茬，清除自生麦苗。

（2）药剂防治。①种子处理：用 25% 三唑酮可湿性粉剂 120 克，或 12.5% 烯唑醇可湿性粉剂 100~160 克拌种 100 千克，拌匀后闷 1~2 小时再播种。②大田喷雾：大田病叶率达到 0.5% 时，每亩可用 12.5% 烯唑醇可湿性粉剂 30~50 克或 25% 三唑酮可湿性粉剂 50~80 克喷雾防治（15 亩＝1 公顷，全书同）。重病田要进行二次喷雾。

二、小麦白粉病

小麦白粉病是一种世界性病害，在各主要产麦国均有分布，我国山东沿海、四川、贵州、云南发生普遍，危害较重。近年来该病在东北、华北、西北麦区，亦有日趋严重之势。一般可造成减产 10% 左右，严重的达 50% 以上。

防治措施

（1）农业防治。①种植抗病品种。②中国南方麦区雨后及时排水，防止湿气滞留；北方麦区适时浇水，增强抗病力。③冬小麦秋播前要及时清除掉自生麦。

（2）药剂防治。①种子处理：用 25% 三唑酮可湿性粉剂 120 克拌种 100 千克，拌匀后闷 1~2 小时再播种；用 2.5% 咯菌腈悬浮种衣剂 100~200 毫升 +3% 苯醚甲环唑悬浮种衣剂 300 毫升，对水 1 500 毫升，拌种 100 千克，并堆闷 3 小时。兼治黑穗病、条锈病、根腐病和纹枯病。②大田喷雾：大田病叶率达到 10% 以上时，每亩可用 12.5% 烯唑醇可湿性粉剂 30~50 克或 25% 三唑酮可湿性粉剂 50~80 克喷雾防治。

三、小麦全蚀病

小麦全蚀病在许多麦区均有发生。小麦感病后，分蘖减少，成穗率低，千粒重下降。发病越早，减产幅度越大。拔节前显病的植株，往往早期枯死；拔节期显病植株，减产 50% 左右；灌浆期显病的植株减产 20% 以上。

防治措施

（1）农业防治。①种植抗耐病品种。②轮作倒茬。实行稻麦轮作，或与棉花、烟草、蔬菜等经济作物轮作，也可改种大豆、油菜、马铃薯等。

（2）药剂防治。①土壤处理：播种前选用 70% 甲基硫菌灵可湿性粉剂按每亩 2~3 千克加细土 20~30 千克，均匀施入播种沟中进行土壤处理。②种子处理：每 100 千克种子用 2.5% 咯菌腈悬浮种衣剂 100~200 毫升，或 3% 苯醚甲环唑悬浮种衣剂 300 毫升，对水 1 000 毫升混成均一药液，将药液倒在种子上，边倒边搅拌，直至药液均匀附着在种子表面，或用专业包衣机进行种子包衣。

四、小麦地下害虫

为害小麦的地下害虫主要有蝼蛄、蛴螬、金针虫三种，主要发生在小麦秋苗期和返青后至灌浆期。

防治措施

（1）农业防治。①深翻土地，精耕细作，可有效压低虫口密度15%~30%。②采用合理耕作制度，适时调整茬口，进行轮作，有条件的可实行水旱轮作。③尽量施用腐熟有机肥，以减少蝼蛄、蛴螬等害虫。

（2）药剂防治。①种子处理：每100千克种子用40%辛硫磷乳油100毫升，对适量水混成均一药液，将药液喷在种子上，边喷边翻拌直至混合均匀。②药液灌根：枯心苗率达3%时，用40%辛硫磷乳油800倍液灌根。

五、小麦蚜虫

小麦蚜虫分布极广，几乎遍及世界各小麦产区。我国为害小麦的蚜虫有多种，通常以麦长管蚜和麦二叉蚜发生数量最多，为害最重。一般麦长管蚜无论南北方密度均相当大，但偏北方发生更重；麦二叉蚜主要发生于长江以北各省。

防治措施

（1）农业防治。①合理布局。冬、春麦混种区尽量使秋季作物单一化，尽可能为玉米或谷子等。②冬麦适当晚播，清除田内外杂草，实行冬灌。

（2）药剂防治。①种子处理：每100千克种子用600克/升吡虫啉悬浮种衣剂200毫升，对水1 000毫升混成均一药液，将药液倒在种子上，边倒边搅拌，直至药液均匀附着在种子表面，或用专业包衣机进行种子包衣。②大田喷雾：百穗有蚜500头时，每亩用20%丁硫克百威乳油（只能用于粮食作物）30~40毫升或22%噻虫·高氯氟微囊悬浮剂10~15毫升，或2.5%高效氯氟氰菊酯乳油20~24毫升，对水均匀喷雾。

（3）生物防治。保护利用天敌。麦田中麦蚜的天敌种类较多，主要有瓢虫、食蚜蝇、草蛉、蜘蛛、蚜茧蜂等。当益害比达到1：80或僵蚜率达到30%时，应以利用天敌为主，不用或少用化学农药，尽可能避免在治蚜时杀伤天敌。

第二节　玉米

一、玉米大（小）斑病

玉米大（小）斑病是玉米上的重要叶部病害。一般造成减产15%~20%，发生严重年份，减产达50%左右。

防治措施

（1）农业防治。①种植抗病品种。②玉米收获后，彻底清除田间病残株。③土壤深耕高温沤肥，杀灭病菌。④施足底肥，增加磷肥，重施喇叭口肥，及时中耕灌水。

（2）药剂防治。玉米抽雄前后，当田间病株率达70%、病叶率达20%时，每亩用30%苯甲·丙环唑乳油15毫升，或25%吡唑醚菌酯乳油30毫升，或45%代森铵水剂40毫升，对水均匀喷雾。

二、玉米丝黑穗病

玉米丝黑穗病又称乌米、哑玉米，在华北、东北、华中、西南、华南和西北地区普遍发生。以北方春玉米区、西南丘陵山地玉米区和西北玉米区发病较重。一般年份发病率在2%~8%，个别地块达60%~70%。

防治措施

（1）农业防治。①选择抗病品种。②精细整地，适当浅播，足墒下种，提高植株的抗病能力。③采用地膜覆盖技术，地膜覆盖可提高地温，保持土壤水分，使玉米出苗和生育加快，从而减少发病机会。④拔除病株和摘除病瘤。

（2）药剂防治。种子处理：每100千克种子用3%苯醚甲环唑悬浮种衣剂400毫升或6%戊唑醇悬浮种衣剂200毫升，对水1 000毫升混成均一药液，将药液倒在种子上，边倒边搅拌直至药液均匀附着在种子表面。

三、玉米粗缩病

玉米粗缩病是由灰飞虱传播玉米粗缩病毒（MRDV）引起的一种病毒病，是我国北方玉米生产区流行的重要病害。

防治措施

（1）农业防治。①选种抗、耐病品种。②清除田边、沟边杂草，精耕细作，以减少虫源。③适当调整玉米播期，使玉米苗期错过灰飞虱的传毒盛期。④加强田间管理，及时追肥浇水，提高植株抗病力。⑤结合间苗定苗，及时拔除病株，以减少病株和毒源，严重地块及早改种豆科作物或甜玉米、糯玉米等。

（2）药剂防治。①种子处理：用内吸杀虫剂对玉米种子进行包衣和拌种，可以有效防治苗期灰飞虱，减轻粗缩病的传播。每100千克玉米种子用70%噻虫嗪种子处理可分散粉剂200克，对水1 000毫升充分搅拌溶解后，均匀包衣。②大田喷雾：防治灰飞虱，每亩用10%吡虫啉可湿性粉剂15克，对水均匀喷雾，对水均匀喷雾；防治粗缩病可亩用5%氨基寡糖素75~100毫升喷雾防治。

四、玉米地下害虫

玉米苗期的地下害虫主要为害种子及幼苗的地上、地下部分，发芽期和苗期地下害虫为害严重时，会造成缺苗断垄，其他时期也会严重影响玉米生长。玉米苗期的地下害虫主要有小地老虎、蛴螬、蝼蛄、金针虫等，幼虫在根茎地表 1~5 厘米处潜伏，日落后开始出土活动，晚上 10—12 时进入为害高峰，天亮后钻入被害植株附近地表，一般是典型的昼伏夜出性害虫。

防治措施

（1）农业防治。及时清除玉米苗基部麦秸、杂草等覆盖物，消除其发生的有利环境条件。一定要把覆盖在玉米垄中的麦糠麦秸全部清除到远离植株的玉米大行间并裸露出地面。

（2）药剂防治。种子处理：每 100 千克种子用 70% 吡虫啉水分散粒剂 100~200 克或 70% 噻虫嗪种子处理可分散粉剂 100~200 克，对水 1 000 毫升混成均一药液，将药液倒在种子上，边倒边搅拌直至药液均匀附着在种子表面。可兼治蚜虫、灰飞虱。

五、玉米螟

玉米螟是为害玉米的主要害虫，严重影响玉米的产量和品质。主要分布于北京、东北、河北、河南、四川、广西等地。各地的春、夏、秋播玉米都不同程度受害，尤以夏播玉米最严重。一般年份减产 5%~10%，严重的减产 10%~30%。

防治措施

（1）农业防治。玉米螟幼虫大多数在玉米秆、玉米穗轴芯中越冬，春季化蛹。所以，采取秸秆还田、沤肥或作饲料，力争在 4 月底前就地将玉米秸秆处理掉，可有效降低虫口密度，减轻田间为害。

（2）药剂防治。①心叶期田间被害株率 10% 以上时，每亩用 3% 辛硫磷颗粒剂 250 克加细沙 5 千克施于心叶内防治；穗期虫株率 10% 时，可用 90% 敌百虫晶体 800 倍液滴灌果穗。②每亩用 200 克/升氯虫苯甲酰胺悬浮剂 15 毫升或 40% 氯虫·噻虫嗪水分散性颗粒剂 10 毫升，对水均匀喷雾。

（3）生物防治。可选择赤眼蜂防治，于玉米螟产卵期释放赤眼蜂2~3次，或亩用 Bt 乳剂 200 毫升喷雾防治。

第三节　水稻

一、水稻纹枯病

俗名花脚秆、烂脚秆。全国各稻区都有发生，为水稻重要病害之一。我国的华南、华中和华东稻区发生较重，华北、东北和云南稻区也有发生，局部地区为害严重。

防治措施

（1）农业防治。①健身栽培，增强植株抗病力，减少为害。②合理密植，实行东西向宽窄行条栽，以利通风透光，降低田间湿度。③浅水勤灌，适时晒田。④合理施肥，控氮增钾。

（2）药剂防治。每亩用30%苯甲·丙环唑乳油15毫升，或5%井冈霉素水剂150毫升，或25%三唑酮可湿性粉剂50克，或12.5%烯唑醇可湿性粉剂20克，或50%多菌灵可湿性粉剂50克对水均匀喷雾防治。重病田需防治2次，间隔7~10天。

二、水稻白叶枯病

水稻白叶枯病在各稻区都有发生，以沿海稻区发生较普遍。

防治措施

（1）农业防治。①种植抗病品种，培育无病壮秧。②抓好肥水管理，整治排灌系统，平整土地，防止涝害，防止串灌、漫灌。

（2）药剂防治。①种子消毒：用三氯异氰尿酸300~500倍（即10克三氯异氰尿酸加水3~5千克）浸种3~5千克。浸种方法：先用温水预浸种12小时后，再用三氯异氰尿酸药液浸种12小时，然后捞起冲洗干净，用清水再浸12小时，捞起后即可催芽。可兼治恶苗病。②秧苗保护：秧苗在三叶一心期和移栽前喷药预防，每亩可用20%噻菌铜胶悬剂100毫升，或20%噻唑锌胶悬剂100毫升，或50%氯溴异氰尿酸可溶性粉剂40~60克对水均匀喷雾。③大田喷雾：水稻拔节后对感病品种要及早检查，如发现发病中心，应立即施药防治；大风雨后，特别是沿海地区台风过后，对受淹及感病品种稻田，都应喷药保护。所用药剂和剂量同秧苗保护。

三、稻纵卷叶螟

稻纵卷叶螟俗称刮青虫，是为害水稻的主要害虫。

防治措施

（1）农业防治。合理施肥，适时烤搁田，降低田间湿度，防止稻株前期猛发嫩绿，后期贪青晚熟，可减轻受害程度。

（2）药剂防治。根据水稻孕穗期、抽穗期受害损失大的特点，药剂防治的策略为"狠治穗期世代，挑治一般世代"。

"两查两定"：一查稻纵卷叶螟消长和幼虫龄期以定防治适期，掌握二龄幼虫高峰前用药。二查有效虫量以定防治对象田，防治指标为，分蘖期每100丛40~50头、孕穗期每100丛20~30头有效虫量。

大田喷雾：在二龄幼虫高峰期施药，每亩用20%氯虫苯甲酰胺悬浮剂10毫升或40%氯·噻虫嗪水分散粒剂8~10克，或15%茚虫威悬浮剂12毫升，或1.8%阿维菌素乳油80~100毫升；在卵孵盛期至一龄幼虫高峰期施药，每亩用32%丙溴磷·氟铃脲可湿性粉剂50~60毫升，或25.5%阿维·丙溴灵乳油100毫升，或50%丙溴磷乳油100毫升，或50%稻丰散乳油100毫升，对水均匀喷雾。

第四节　马铃薯

马铃薯（*Solanum tuberosum*），属茄科多年生草本植物，块茎可供食用，是全球第四大重要的粮食作物，仅次于小麦、稻谷和玉米。在我国也是四大主粮作物之一。中国是世界马铃薯总产最多的国家。和番茄类似，马铃薯的病害也较为繁多，据统计超过 300 种，常见的造成重大危害的有十余种。

一、马铃薯早疫病

防治措施

（1）选种早熟耐病品种；与非茄科作物轮作 2 年以上；选择地势高、土壤肥沃的地方种植；增施磷、钾肥，提高植株长势；合理密植，保持通风透气；及时清除田间病残枝，减少病源。

（2）发病初期，可选用下列药剂进行防治：代森锰锌、代森锌、苯醚甲环唑、肟菌·戊唑醇、嘧菌酯或吡唑醚菌酯。

二、马铃薯尾孢菌叶斑病

防治措施

（1）收获后进行深耕；实行轮作。

（2）发病初期，选择喷洒以下药剂：50%多菌灵+万霉灵可湿性粉剂 1 000~1 500 倍液，或 75%百菌清可湿性粉剂 600 倍液，或 30%碱式硫酸铜悬浮剂 400 倍液，隔 7~10 天 1 次，连续防治 2~3 次。

三、马铃薯炭疽病

防治措施

（1）实行轮作；及时清除田间病残体；加强田间肥水管理，避免高温高湿条件出现。

（2）发病初期，可采用下列药剂进行防治：嘧菌酯、苯醚甲环唑或三氯异氰尿酸。

四、马铃薯晚疫病

防治措施

（1）选用抗耐病品种；选择地势高、土壤肥沃的地方种植；增施磷、钾肥，提高植株长势；合理密植，保持通风透气；及时清除田间病残枝；建立无病留种地，或脱毒种薯，减少病源。

（2）发病初期，可选用下列药剂进行防治：代森锌、代森锰锌、烯酰吗啉、霜脲氰、氰霜唑、唑醚菌胺或氟啶胺。

第五节 谷子

大面积种植稻谷时难免会有病虫害的发生，若不及时防治就会导致谷子大面积减产。

一、谷子白发病

防治措施

（1）轮作。实行三年以上轮作倒茬。

（2）拔除病株。在黄褐色粉末从病叶和病穗上散出前拔除病株。

（3）药剂拌种。50%萎锈灵粉剂，每50千克谷种用药350克。也可用50%多菌灵可湿性粉剂，每50千克谷种用药150克。

二、谷瘟病

防治措施

叶面喷药防治。发病初期田间喷65%代森锌500~600倍液，或甲基托布津200~300倍液喷施叶面防治。

三、粟灰螟

防治措施

当每 1 000 株谷苗有卵 2 块，用 80%敌敌畏乳油（DDV）100 毫升，加少量水后与 20 千克细土拌匀，撒在谷苗根际，形成药带，也可使用 5%甲维盐水分散粒剂 2 500 倍液、2.5%天王星乳油 2 000~3 000 倍液、4.5%高效氯氰菊酯乳油 1 500 倍液、80%敌敌畏乳油 1 000 倍液、1.8%阿维菌素 1 500 倍液或 1%甲氨基阿维菌素 2 000 倍液等药剂喷雾防治，重点对谷子茎基部喷雾。

四、黏虫

防治措施

DDV 熏蒸法，每亩用 80%DDV 0.2~0.25 千克对水 0.5~1 千克拌谷糠、锯末等 2.5~3 千克，于晴天无风的傍晚均匀撒于谷田即可。喷雾法选用 2.5%的功夫、氯氰菊酯、90%的万灵、Bt 乳剂等农药进行防治，但施药期要提前 2~3 天。

第六节 豆子

一、大豆紫斑病

大豆紫斑病是大豆种植过程中常见的病害，主要为害大豆的豆荚、豆粒、叶片和根茎，其中重点为害大豆的种子，严重影响其质量，危害甚大。

防治措施

（1）选用抗病品种，生产上抗病毒病的品种较抗紫斑病。如黑龙江 41 号、铁丰 19、楚秀、华春 18、丰地黄、跃进 2 号、3 号、徐州 424、沛县大白角、京黄 3 号、小寒王、中黄 4 号、长农 7 号、科黄 2 号、文丰 3 号、5 号、丰收 15、九农 5 号、9 号、牛尾黄、西农 65（9）等。

（2）播种前用种子重量 0.3% 的 50% 福美双 +50% 克菌丹可湿性粉剂拌种。

（3）剔除带病种子，适时播种，合理密植。

（4）与禾本科或其他非寄主植物进行两年以上的轮作。

（5）加强田间管理，注意清沟排湿，防止田间湿度过大。

（6）大豆收获后及时清除田间病残体，深翻土地，减少初侵染源。

（7）开花始期、蕾期、结荚期、嫩荚期是防治紫斑病的关键时期。可喷施下列药剂：50% 多菌灵可湿性粉剂 800 倍液 +65% 代森锌可湿性粉剂 600 倍液；70% 甲基硫菌灵可湿性粉剂 800 倍液 +80% 代森锰锌可湿性粉剂 500～600 倍液；50% 多菌灵·乙霉威可湿性粉剂 1 000 倍液；50% 苯菌灵可湿性粉剂 2 000 倍液 +70% 丙森锌可湿性粉剂 800 倍液等。每亩喷药液 35～40 千克，均匀喷施。

二、菜豆细菌性疫病

菜豆细菌性疫病病菌为细菌中的黄单胞杆菌。菌体短杆状，极生单鞭毛，有荚膜，不产生芽孢，革兰氏染色阴性，病菌生长适温为 30℃，最高温度为 38℃，致死温度为 50℃，10 分钟。

防治措施

（1）加强栽培管理。实行轮作，与葱、蒜类蔬菜轮作；施足有机底肥；清除病残体；高畦栽培。

（2）选用抗病品种。品种间抗病性有差异，一般蔓生种较矮生种抗病。

（3）种子消毒。选用无病种子是防病关键，可从无病地采种或用 48℃ 温水浸种 15 分钟，或用种子重量 0.3% 的 50% 敌克松拌种。

（4）药剂防治。农用链霉素、新植霉素各 200 毫克/千克，20%DT 杀菌剂 300～400 倍液，3%中生菌素 600 倍液。隔 7～10 天 1 次，连喷 2～3 次。

三、大豆菌核病

大豆最常用来做各种豆制品、榨取豆油、酿造酱油和提取蛋白质。豆渣或磨成粗粉的大豆也常用于禽畜饲料。

防治措施

（1）选用耐病品种，排除种子中混杂的菌核。

（2）合理轮作倒茬。大豆与禾本科作物轮作倒茬，可显著减少田间菌核的积累，避免重茬、迎茬。

（3）加强田间管理。收获后应及时深翻，及时清除和烧毁残茎以减少菌源。大豆封垄前注意及时中耕培土。注意平整土地，防止积水和水流传播。

（4）化学防治。菌核病病菌子囊盘发生期与大豆开花期的重叠盛期是菌核病的防治最佳期。喷施 50%速克或 40%菌核净可湿性粉剂 1 000 倍液；50%扑海因可湿性粉剂 1 200 倍液；50%多菌灵可湿性粉剂 500 倍液等。

第七节　花生

一、花生叶斑病

花生叶斑病是花生生长中后期的重要病害，其发生遍及我国主要花生产区。轮作地发病轻，连作地发病重。重茬年限越长，发病越重，往往在收获季节前，叶片就提前脱落，这种早衰现象常被误认为是花生成熟的象征。花生受害后一般减产10%～20%，发病重的地块减产达 40%以上。

防治措施

（1）农业防治。①选用抗病品种。②轮作换茬。花生叶斑病的寄主单一，只侵染花生，尚未发现其他寄主，与禾谷类、薯类作物轮作，可以有效控制其为害，轮作周期以两年以上为宜。③清除病残体。花生收获后，要及时清除田间病残体，并深耕 30 厘米以上，将表土病菌翻入土壤底层，使病菌失去侵染能力，以减少病害初侵染来源。④合理施肥。结合整地，施足底肥，并做到有机肥、无机肥搭配，氮、磷、钾三要素配合，一般亩施有机肥 4 000~5 000 千克，尿素 15~20 千克，过磷酸钙 40~50 千克，硫酸钾 10~15 千克。同时在开花下针期还要进行叶面喷肥，每亩用尿素 250 克，磷酸二氢钾 150 克，对水均匀喷施。

（2）药剂防治。在发病初期，当病叶率达 10%~15%时开始施药，每亩可用 60%唑醚·代森联可分散粒剂 60~100 克，或 80%代森锰锌可湿性粉剂 60~75 克，或 50%多菌灵可湿性粉剂 70~80 克，或 75%百菌清可湿性粉剂 100~150 克。每隔 7~10 天喷药 1 次，连喷 2~3 次。

二、花生根腐病和茎腐病

花生根腐病和茎腐病属于土传真菌性病害。由于花生连年种植，发生和为害比较严重。一般减产 15%左右，发病严重地块减产在 30%以上，严重影响了花生的产量和品质。

防治措施

（1）农业防治。①选用优良抗病品种。②合理轮作和套种。可与禾本科作物小麦、玉米、谷子等轮作、套种。③加强田间管理。深翻改土，合理施肥，增施腐熟的有机肥，追施草木灰；及时中耕除草，促苗早发，生长健壮，增强花生抗病能力；及时拔除田间病株，带出销毁。④花生收获后及时深翻土地，以消灭部分越冬病菌。

（2）药剂防治。种子处理：每100千克种子用25克/升咯菌腈悬浮种衣剂100毫升或350克/升精甲霜灵种子处理乳剂80毫升，对适量水，对种子进行均匀包衣。

三、花生白绢病

防治措施

（1）农业防治。①深翻改土，加强田间管理。②花生收获前，清除病残体；收获后深翻土壤，减少田间越冬菌源。

（2）药剂防治。①种子处理：可用50%多菌灵可湿性粉剂按种子量的0.5%拌种，或用50%甲基立枯磷乳油按种子量的0.2%~0.4%混拌。②喷雾防治：在花生结荚初期，每亩用50%多菌灵可湿性粉剂100~120克对水均匀喷雾。

四、花生蚜虫

花生蚜虫，俗称"蜜虫"，也叫"腻虫"，是我国花生产区的一种常发性害虫。一般会造成减产20%~30%，发生严重的减产50%~60%，甚至绝产。

防治措施。

（1）农业防治。及早清除田间周围杂草，减少蚜虫来源。

（2）药剂防治。①种子处理：每100千克种子用70%噻虫嗪种子处理可分散粉剂200克进行种子包衣，兼治地下害虫和蓟马。②大田喷雾：每亩用2.5%溴氰菊酯乳油20~25毫升，对水均匀喷雾，兼治棉铃虫。

（3）物理防治。用黄板20~25块/亩，于植株上方20厘米处悬挂于花生田间，可有效粘杀花生蚜虫。

（4）生物防治。保护利用瓢虫类、草蛉类、食蚜蝇类和蚜茧蜂类等天敌生物，当百墩蚜量4头左右，瓢虫：蚜虫比为1：（100~120）时，可利用瓢虫控制花生蚜的为害。

第三章　蔬菜病虫害绿色防控

第一节　叶菜类蔬菜

一、芹菜叶斑病

防治措施

选用耐病品种；种子消毒；合理密植；发病初期交替喷洒多菌灵、甲基托布津、可杀得等，保护地内可选用5%百菌清粉尘剂或百菌清烟剂进行防治。

二、芹菜软腐病

防治措施

避免伤根，培土不宜过高，以免把叶柄埋入土中，雨后及时排水；发现病株及时挖除并撒入生石灰消毒；发病初期交替喷洒新植霉素、络氨铜水剂、琥胶肥酸铜、CT杀菌剂等。

三、小白菜、菜薹花叶病

防治措施

选育抗病品种；定植时注意剔除病苗、弱苗；合理施肥，促进白菜生长；及时防治传毒蚜虫；药剂防治同白菜类。

第二节　豆类蔬菜

一、豆科蔬菜锈病

豆科蔬菜锈病是豆科蔬菜的重要病害之一，在我国各地均有发生，对产量影响较大。

防治措施

（1）选育抗病品种。品种抗病性差别大，在菜豆蔓生种中细花种比较抗病，而大花、中花品种则易感病。可选择适合当地栽培的品种。

（2）加强管理。及时清除病残体并销毁，采用配方施肥技术，适当密植。

（3）药剂防治。发病初期及时喷药防治。药剂有：15%粉锈宁可湿性粉剂 1 000~1 500 倍液、50%萎锈灵可湿性粉剂 1 000 倍液、25%代敌力脱乳油 3 000 倍液、12.5%速保利可湿性粉剂 4 000~5 000 倍液、80%代森锌可湿性粉剂 500 倍液、70%代森锰锌可湿性粉剂 1 000 倍液+15%粉锈宁可湿性粉剂 2 000 倍液等。15 天喷药 1 次，共喷药 1~2 次即可。

二、菜豆炭疽病

防治措施

（1）因地制宜地选用抗病高产良种。

（2）选用无病种子，播前种子消毒。①可用种子重量 0.3% 的 50%多菌灵可湿粉、40%三唑酮多菌灵可湿粉、50%福美双可湿粉拌种，或用种子重量 0.2% 的 50%四氯苯醌可湿粉拌种；②药液浸种。用福尔马林 200 倍液浸种 30 分钟，水洗后催芽播种；或用 40%多硫悬浮剂 600 倍液浸种 30 分钟。

（3）抓好以肥水为中心的栽培防病措施。①整治排灌系统，低湿地要高畦深沟，降低地下水位，适度浇水，防大水漫灌，雨后做好清沟排渍；②施足底肥，增施磷钾肥，适时喷施叶面肥，避免偏施氮肥。注意田间卫生，温棚注意通风，排湿降温。

（4）及早喷药控病。于抽蔓或开花结荚初期发病前喷药预防，最迟于见病时喷药控病，以保果为重点。可选喷70%托布津+75%百菌清（1：1）100~1 500倍液，或30%氧氯化铜+65%代森锰锌（1：1，即混即喷），或80%炭疽福美可湿粉500倍液，或农抗120水剂200倍液，或50%施保功可湿粉1 000倍液，2~3次或更多，隔7~15天1次，前密后疏，交替喷施，喷匀喷足。温棚可使用45%百菌清烟剂［4 500克／（公顷·次）］。

三、菜豆枯萎病

防治措施

（1）选用抗病品种。

（2）种子消毒。用种子重量0.5%的50%多菌灵可湿性粉剂拌种。

（3）与白菜类、葱蒜类实行3~4年轮作，不与豇豆等连作。

（4）高垄栽培，注意排水。

（5）药剂防治。发病初期开始药剂灌根，选用的药剂有：96%"天达恶霉灵"粉剂3 000倍液+"天达-2116"1 000倍液、75%百菌清（达科宁）可湿性粉剂600倍液、50%施保功可湿性粉剂500倍液、43%好力克悬浮剂3 000倍液、70%甲基托布津可湿性粉剂500倍液、20%甲基立枯磷乳油200倍液、60%百泰可分散粒剂1 500倍液、10%苯醚甲环唑可分散粒剂1 500倍液、50%多菌灵可湿性粉剂500倍液、10%双效灵水剂250倍液等。每株灌250毫升，每10天1次，连续灌根2~3次。

（6）及时清理病残株，带出田外，集中烧毁或深埋。

四、菜豆细菌性疫病

又名菜豆叶烧病、菜豆火烧病。寄主菜豆、豇豆、扁豆、小豆、绿豆等多种植物。菜豆常见病，发生普遍，为害较重，轻者可减产10%左右，重者减产幅度可达到20%以上。全国各地均有发生。

防治措施

1. 农业防治

（1）与非豆科蔬菜实行2~3年的轮作。

（2）选用抗病品种，蔓生种较矮生种抗病。从无病田留种。

（3）及时除草，合理施肥和浇水。拉秧后应清除病残体，集中深埋或烧毁。

2. 物理防治

播种前种子用45℃恒温水浸种10分钟。

3. 药剂防治

（1）播种前种子用高锰酸钾1 000倍液浸种10~15分钟。

（2）开沟播种时，用高锰酸钾1 000倍溶液浇到沟中，待药液渗下后播种。

（3）发病初期喷14%络氨铜水剂300倍液，或77%氢氧化铜可湿性粉剂500倍液，或50%琥胶肥酸铜可湿性粉剂500倍液，或新植霉素4 000倍液。每隔7~10天喷1次，连续2~3次。

五、豇豆煤霉病

豇豆煤霉病又称为叶霉病，各地均有发生，是豇豆的常见病和重要病害，染病后叶片干枯脱落，对产量影响较大。除豇豆外，还可为害菜豆、蚕豆、豌豆和大豆等豆科作物。

防治措施

采取加强栽培管理为主、药剂防治为辅的防治措施。

（1）加强栽培管理。收获后清除病残体，实行轮作，施足腐熟有机肥，配方施肥；合理密植，保护地要及时通风，以增强田间通风透光性，防止湿度过大。发病初期及时摘除病叶，减轻后期发病。

（2）药剂防治。发病初期喷施 25%多菌灵可湿性粉剂 400 倍液、70%甲基托布津可湿性粉剂 800 倍液、77%可杀得微粒粉剂 500 倍液、40%多硫悬浮剂 800 倍液、50%混杀硫悬浮剂 500 倍液或 14%络氨铜水剂 300 倍液。隔 10 天 1 次，连续用药 2~3 次。

第三节　瓜类蔬菜

一、黄瓜霜霉病

黄瓜霜霉病是黄瓜的重要病害之一，发生最普遍，常具有毁灭性。其他瓜类植物如甜瓜、丝瓜、冬瓜也有霜霉病的发生。西瓜抗病性较强，很少受害。

防治措施

1. 选用抗病品种

晚熟品种比早熟品种抗性强。但一些抗霜霉病的品种往往对枯萎病抗性较弱，应注意对枯萎病的防治。抗病品种有：津研 2 号、6 号，津杂 1 号、2 号，津春 2 号、4 号，京旭 2 号，夏青 2 号，鲁春 26 号，宁丰 1 号、2 号，郑黄 2 号，吉杂 2 号，夏丰 1 号，杭青 2 号，中农 3 号等，可根据各地的具体情况选用。

2. 栽培无病苗，提高栽培管理水平

采用营养钵培育壮苗，定植时严格淘汰病苗。定植时应选择排水好的地块，保护地采用双垄覆膜技术，降低湿度；浇水在晴天上午，灌水适量。采用配方施肥技术，保证养分供给。及时摘除老叶、病叶，提高植株内通风透光性。此外，保护地还可采用以下防治措施：

（1）生态防治。根据天气条件，在早晨太阳未出时排湿气40~60分钟，上午闭棚，控制温度在25~30℃，低于35℃；下午放风，温度控制在20~25℃，相对湿度在60%~70%，低于18℃停止放风。傍晚条件允许可再放风2~3小时。夜温度应保持在12~13℃；外界气温超过13℃，可昼夜放风，目的是将夜晚结露时间控制在2小时以下或不结露。

（2）高温闷棚。在发病初期进行。选择晴天上午闭棚，使生长点附近温度迅速升高至40℃，调节风口，使温度缓慢升至45℃，维持2小时，然后大放风降温。处理时若土壤干燥，可在前一天适量浇水，处理后适当追肥。每次处理间隔7~10天。注意：棚温度超过47℃会烤伤生长点，低于42℃效果不理想。

3. 药剂防治

在发病初期用药，保护地用45%百菌清烟雾剂（安全型）每亩200~300克，分放在棚内4~5处，密闭熏蒸1夜，次日早晨通风。隔7天熏1次。或用5%百菌清粉尘剂、5%加瑞农粉尘剂每亩1千克，隔10天1次。

露地可用69%安克锰锌可湿性粉剂1 500倍液、72.2%普力克水剂800倍液、72%克露可湿性粉剂500~750倍液、70%安泰生可湿性粉剂500~700倍液、56%水分散颗粒剂500~700倍液、25%甲霜灵可湿性粉剂800倍液、40%乙膦铝水溶性粉剂300倍液、64%杀毒矾可湿性粉剂500倍液、80%大生湿性粉剂600倍液。

二、瓜类枯萎病

瓜类枯萎病又称蔓割病、萎蔫病，是瓜类作物的重要土传病害，各地有不同程度的发生。病害为害维管束、茎基部和根部，引起全株发病，导致整株萎蔫以至枯死，损失严重。主要为害黄瓜、西瓜，亦可为害甜瓜、西葫芦、丝瓜、冬瓜等葫芦科作物，但南瓜和瓠瓜对枯萎病免疫。

防治措施

（1）选育抗病品种。利用抗病品种黄瓜晚熟品种较抗病，如长春密刺、山东密刺、中农 5 号。将瓠瓜的抗性基因导入西瓜培育出了系列抗病品种，目前开始在生产上应用。

（2）农业防治。与非瓜类植物轮作至少 3 年以上，有条件可实施 1 年的水旱轮作，效果也很好。育苗采用营养钵，避免定植时伤根，减轻病害。施用腐熟粪肥。结果后小水勤灌，适当多中耕，使根系健壮，提高抗病力。

（3）嫁接防病。西瓜与瓠瓜、扁蒲、葫芦、印度南瓜，黄瓜与云南黑籽南瓜等嫁接，成活率都在 90% 以上。但果实的风味稍受影响。

（4）药剂防治。种子处理可用 60% 防霉宝 1 000 倍液＋平平加 1 000 倍液浸种 60 分钟；定植前 20～25 天用 95% 棉隆对土壤处理，10 千克药剂拌细土每亩 120 千克，撒于地表，耕翻 20 厘米，用薄膜盖 12 天熏蒸土壤；苗床用 50% 多菌灵可湿性粉剂 8 克/平方米配成药土进行消毒；或用 50% 多菌灵每亩 4 千克配成药土施于定植穴内。

发病初期可用 20% 甲基立枯磷乳油 1 000 倍液、50% 多菌灵 500 倍液、70% 甲基托布津可湿性粉剂 500～600 倍液、10% 双效灵 300 倍液、40% 抗枯灵 500 倍液灌根，每株用药液 100 毫升，隔 10 天 1 次，连续 3～4 次。并用上述药剂按 1∶10 的比例与面粉调成稀糊涂于病茎，效果较好。

（5）生物防治。用木霉菌等拮抗菌拌种或土壤处理也可抑制枯萎病的发生。中国台湾研究用含有腐生镰刀菌和木霉菌的 20% 玉米粉、1% 水苔粉、1.5% 硫酸钙与 0.5% 磷酸氢二钾混合添加物，施入西瓜病土中，防效达 92%。

三、瓜类白粉病

瓜类白粉病在葫芦科蔬菜中，以黄瓜、西葫芦、南瓜、甜瓜、苦瓜发病最重，冬瓜和西瓜次之，丝瓜抗性较强。

防治措施

宜选用抗病品种和加强栽培管理为主，配合药剂防治的综合措施。

（1）选用抗病品种。一般抗霜霉病的黄瓜品种也较抗白粉病。

（2）加强栽培管理。注意田间通风透光，降低湿度，加强肥水管理，防止植株徒长和早衰等。

（3）温室熏蒸消毒。白粉菌对硫敏感，在幼苗定植前 2~3 天，密闭棚室，每 100 立方米用硫磺粉 250 克和锯末粉 500 克（1∶2）混匀，分置几处的花盆内，引燃后密闭一夜。熏蒸时，棚室内温度应维持在 20℃左右。也可用 45%百菌清烟剂，用法同黄瓜霜霉病。

（4）药剂防治。目前防治白粉病的药剂较多，但连续使用易产生抗药性，注意交替使用。

所用药剂有：40%杜邦福星乳油 8 000~10 000 倍液、30%特富灵可湿性粉剂 1 500~2 000 倍液、70%甲基托布津可湿性粉剂 1 000 倍液、15%粉锈宁可湿性粉剂 1 500 倍液、40%多硫悬浮剂 500~600 倍液、6%乐比耕可湿性粉剂 3 000~5 000 倍液等。

注意：西瓜、南瓜抗硫性强，黄瓜、甜瓜抗硫性弱，气温超过 32℃，喷硫制剂易发生药害。但气温低于 20℃时防效较差。

四、瓜类炭疽病

瓜类炭疽病是瓜类植物的重要病害，以西瓜、甜瓜和黄瓜受害严重，冬瓜、瓠瓜、葫芦、苦瓜受害较轻，南瓜、丝瓜比较抗病。此病不仅在生长期为害，在储运期病害还可继续蔓延，造成大量烂瓜，加剧损失。

防治措施

采用抗病品种或无病良种，结合农业措施预防病害，再辅以药剂保护的综合防治措施。

（1）选用抗（耐）病品种。合理品种布局瓜类作物的品种对炭疽病的抗性差异明显，但抗性有逐年衰减的规律，应注意品种的更新。目前黄瓜品种可用津杂 1 号、津杂 2 号，津研 7 号等；西瓜品种可用红优 2 号、丰收 3 号、克伦生等。

（2）种子处理。无病株采种，或播前用 55℃温水浸种 15 分钟，迅速冷却后催芽。或用 40%福尔马林 100 倍液浸种 30 分钟，用清水洗净后催芽；注意西瓜易产生药害，应先试验，再处理。或 50%多菌灵可湿性粉剂 500 倍液浸种 60 分钟，或每千克种子用 2.5%适乐时 4~6 毫升包衣，均可减轻为害。

（3）加强栽培管理。与非瓜类作物实行 3 年以上轮作；覆盖地膜，增施有机肥和磷钾肥；保护地内控制湿度在 70%以下，减少结露；田间操作应在露水干后进行，防止人为传播病害。采收后严格剔除病瓜，储运场所适当通风降温。

（4）药剂防治。可选用：80%大生可湿性粉剂 800 倍液、25%施保克乳油 4 000 倍液、80%炭疽福美可湿性粉剂 800 倍液、50%多菌灵可湿性粉剂 500 倍液、70%甲基托布律可湿性粉剂 800 倍液、65%代森锌可湿性粉剂 500 倍液、75%百菌清可湿性粉剂 500 倍液、2%农抗 120 水剂 200 倍液或 2%武夷霉素水剂 200 倍液等。保护地内在发病初期，也可用 45%百菌清烟雾剂每亩 250~300 克，效果也很好。每 7 天左右喷 1 次药，连喷 3~4 次。

五、黄瓜黑星病

黄瓜黑星病是一种世界性病害，20 世纪 70 年代前我国仅在东北地区温室中零星发生，80 年代以来，随着保护地黄瓜的发展，这种病害迅速蔓延和加重，目前已扩展到了黑龙江、吉林、辽宁、河北、北京、天津、山西、山东、内蒙古、上海、四川和海南等 12 省份。目前此病已成为我国北方保护地及露地栽培黄瓜的常发性病害，一般损失可达 10%~20%，严重可达 50% 以上，甚至绝收。该病除为害黄瓜外，还侵染南瓜、西葫芦、甜瓜、冬瓜等葫芦科蔬菜，是生产上亟待解决的问题。

防治措施

1. 加强检疫，选用无病种子

严禁在病区繁种或从病区调种。做到从无病地留种，采用冰冻滤纸法检验种子是否带菌。带病种子进行消毒，可采用温汤浸种法，即 50℃ 温水浸种 30 分钟，或 55~60℃ 恒温浸种 15 分钟，取出冷却后催芽播种。亦可用 0.4% 的 50% 多菌灵或克菌丹可湿性粉粉剂拌种。

2. 选用抗病品种

如青杂 1 号、青杂 2 号、白头霜、吉杂 1 号、吉杂 2 号、中农 11、中农 13、津研 7 号等。

3. 加强栽培管理

覆盖地膜，采用滴灌等节水技术，轮作倒茬，重病棚（田）应与非瓜类作物进行 2 年以上轮作。施足充分腐熟肥作基肥，适时追肥，避免偏施氮肥，增施磷、钾肥。合理灌水，尤其定植后至结瓜期控制浇水十分重要。保护地黄瓜尽可能采用生态防治，尤其要注意湿度管理，采用放风排湿、控制灌水等措施降低棚内湿度。冬季气温低应加强防寒、保暖措施，使秧苗免受冻害。白天控温 28~30℃，夜间 15℃，相对湿度低于 90%。增强光照，促进黄瓜健壮生长，提高抗病能力。

4. 药剂防治

（1）药剂浸种。50% 多菌灵 500 倍液浸种 20~30 分钟后，冲净再催芽，或用冰醋酸 100 倍液浸种 30 分钟。直播时可用种子重量 0.3%~0.4% 的 50% 多菌灵或 50% 克菌丹拌种，均可取得良好的杀菌效果。

（2）熏蒸消毒。温室或大棚定植前 10 天，每 55 立方米空间用硫磺粉 0.13 千克，锯末 0.25 千克混合后分放数处，点燃后密闭大棚，熏 1 夜。

（3）发病初期及时摘除病瓜，立即喷药防治。采用粉尘法或烟雾法，于发病初期开始用喷粉器喷撒 10% 多百粉尘剂，每公顷用药 1.5 千克；或施用 45% 百菌清烟剂，每公顷用药 1~1.35 千克，连续 3~4 次。

（4）棚室或露地发病初期可喷洒下列杀菌剂：50% 多菌灵+70% 代森锰锌、50% 扑海因、65% 甲霉灵、6% 乐比耕、40% 福星、70% 霉奇洁、50% 施保功等，隔 7~10 天 1 次，连续 3~4 次。也可用 10% 多百粉尘剂。

第四节　茄果类蔬菜

一、番茄晚疫病

番茄晚疫病是番茄的重要病害之一，阴雨的年份发病重。该病除为害番茄外，还可为害马铃薯。

防治措施

（1）种植抗病品种。抗病品种有圆红、渝红 2 号、中蔬 4 号、中蔬 5 号、佳红、中杂 4 号等。

（2）栽培管理。与非茄科作物实行 3 年以上轮作，合理密植，采用高畦种植，控制浇水，及时整枝打杈，摘除老叶，降低田间湿度。保护地应从苗期开始严格控制生态条件，尤其是防止高湿度条件出现。

（3）药剂防治。发现中心病株后应及时拔除并销毁重病株，摘除轻病株的病叶、病枝、病果，对中心病株周围的植株进行喷药保护，重点是中下部的叶片和果实。

有效药剂有 72.2%普力克水剂 800 倍液、58%甲霜灵锰锌可湿性粉剂 500 倍液、25%瑞毒霉可湿性粉剂 800~1 000 倍液、64%杀毒矾可湿性粉剂 500 倍液、50%百菌清可湿性粉剂 400 倍液，7~10 天用药 1 次，连续用药 4~5 次。

二、番茄叶霉病

番茄叶霉病俗称"黑毛"，是棚室番茄常见病害和重要病害之一。在我国大部分番茄种植区均有发生，造成严重减产。以保护地番茄上发生严重。该病仅发生在番茄上。

防治措施

（1）采用抗病品种。如双抗 2 号、沈粉 3 号和佳红等，但要根据病菌生理小种的变化，及时更换品种。

（2）选用无病种或种子处理。52℃温水浸种 30 分钟，晾干播种；2%武夷霉素 150 倍液浸种；或每千克种子用 2.5%适乐时悬浮种衣剂 4~6 毫升拌种。

（3）栽培管理。重病区与瓜类、豆类实行 3 年轮作；合理密植，及时整枝打杈，摘除病叶老叶，加强通风透光；施足有机肥，适当增施磷、钾肥，提高植株抗病力；雨季及时排水，保护地可采用双垄覆膜膜下灌水方式，降低空气湿度，抑制病害发生。

（4）药剂防治。保护地还可用 45%百菌清烟剂每亩 250 克熏烟，或用 5%百菌清、7%叶霉净或 6.5%甲霉灵粉尘剂每亩 1 千克，8~10 天 1 次，连续或交替轮换施用。

发病初期可用 10%世高水分散颗粒剂 1 500~2 000 倍液、25%阿米西达 1 500~2 000 倍液、50%扑海因可湿性粉剂 1 500 倍液、47%加瑞农可湿性粉剂 800 倍液、2%武夷霉素 150 倍液、60%多防霉宝超微粉 6 500 倍液、75%百菌清可湿性粉剂 600 倍液、50%多硫胶悬剂 700~800 倍液喷雾，每隔 7 天喷 1 次，连喷续 3 次。

三、番茄病毒病

番茄病毒病全国各地都有发生，常见的有花叶病、条斑病和蕨叶病 3 种，以花叶病发生最为普遍。但近几年条纹病的为害日趋严重，植株发病后几乎没有产量。蕨叶病的发病率和为害介于两者之间。

防治措施

采用以农业为主的综合防病措施，提高植株抗病力。另外，番茄病毒病的毒源种类在一年中会出现周期性的变化，春夏季以烟草花叶病毒为主，秋季则以黄瓜花叶病毒为主。生产上防治时应针对毒源采取相应的措施，才能收到较好的效果。

（1）选用抗病品种。可选用中蔬 4 号、5 号、6 号，中杂 4 号，佳红，佳粉 10 号等抗耐病品种。

（2）种子处理。种子在播前先用清水预浸 3~4 小时，再放入 10%磷酸三钠溶液中浸泡 20~30 分钟，洗净催芽。或用高锰酸钾 1 000 倍液浸种 30 分钟。

（3）栽培防病。收获后彻底清除残根落叶，适当施石灰使烟草花叶病毒钝化；实行 2 年轮作；适时播种，适度蹲苗，促进根系发育，提高幼苗抗病力；移苗、整枝、蘸花等农事操作时皆应遵循先处理健株，后处理病株的原则。操作前和接触病株后都要用 10%磷酸三钠溶液消毒刀剪等工具，以防接触传染。

晚打杈，早采收。晚打杈促进根系发育，同时可减少接触传染；果实挂红时即应采收，以减缓营养需求矛盾，增强植株耐病性。

增施磷钾肥，定植时根围施"5406"菌肥，缓苗时喷洒万分之一增产灵，促使植株健壮生长，提高抗病力；坐果期避免缺水、缺肥；自苗期至定植后和第一层果实膨大期防治蚜虫可减轻蕨叶病的发生。

（4）施用钝化剂及诱导剂。用 10% 混合脂肪酸（83 增抗剂）50~100 倍液，在苗期、移栽前 2~3 天和定植后 2 周共 3 次施用，可诱导植株产生对烟草花叶病毒的抗性。在番茄分苗、定植、绑蔓、整枝、打杈时喷洒 1 ：（10~20）的黄豆粉或皂角粉水溶液，可防止操作时接触传染。

（5）施用弱毒疫苗以及病毒卫星。番茄花叶病毒的弱毒疫苗 N_{14} 在烟草及番茄上均不表现可见症状，还可刺激生长，促进早熟；CMV 的卫星病毒 S_{52} 可干扰病毒的增殖而起到防病作用。两者可以单独使用，也可混合使用。

方法：用 N_{14} 或 S_{52} 的 50~100 倍液，在移苗时浸根 30 分钟；或于 2 叶 1 心时涂抹叶面；或加入少量金刚砂后，用 2~3 千克/平方米的压力喷枪喷雾接种。也可混合后使用，混合接种后 10 天左右会表现轻微花叶，之后逐渐恢复正常。

（6）药剂防治。发病初期可用 20% 病毒 A 可湿性粉剂 500 倍液、1.5% 植病灵乳剂 1 000 倍液、抗毒剂 1 号 200~300 倍液、高锰酸钾 1 000 倍液，再配合喷施增产灵 50~100 皮克/升及 1% 过磷酸钙或 1% 硝酸钾作根外追肥，有较好的防效。

第四章　果树病害绿色防控

第一节　苹果

我国是世界苹果生产的第一大国，栽培总面积和总产量均居世界首位。

一、苹果轮纹病

苹果轮纹病又称粗皮病、轮纹烂果病，分布在我国各苹果产区，以华北、东北、华东果区为重。一般果园发病率为20%～30%，重者可达50%以上。

防治方法

及时刮除病斑：刮除枝干上的病斑是一个重要的防治措施。一般可在发芽前进行，刮除病斑后涂70%甲基硫菌灵可湿性粉剂1份加豆油或其他植物油15份涂抹即可。5—7月可对病树进行重刮皮。发芽前可喷1次2～3波美度石硫合剂或5%菌毒清水剂30倍液，刮病斑后喷药效果更好。

二、苹果炭疽病

苹果炭疽病在全国各地均有发生，以黄淮及华北地区发生较重。在20世纪60—70年代，主栽的品种国光发病率常达20%～40%，是重要果实病害。80年代以后，因为较抗病品种新红星系和富士系陆续大量投产，该病的发病率有所下降。

防治方法

在果树发芽前喷洒三氯萘醌 50 倍液、5%~10%重柴油乳剂、65%五氯酚钠可溶性粉剂 150 倍液或二硫基邻甲酚钠 200 倍液，可有效铲除树体上宿存的病菌。

生长期一般从谢花后 10 天的幼果期（5 月中旬）开始喷药，在果实生长初期喷施高脂膜乳剂 200 倍液，病菌开始侵染时，喷施第 1 次药剂。以后根据药剂残效期，每隔 15~20 天，连续喷 5~6 次。注意交替选择药剂。

在防治中应注意多种药剂的交替使用。在病害发生普遍时，应适当加大治疗剂的药量，可以喷施下列药剂：

70%甲基硫菌灵可湿性粉剂 500~600 倍液；

50%异菌脲可湿性粉剂 500~600 倍液；

10%苯醚甲环唑水分散粒剂 2 000~2 500 倍液；

25%溴菌腈乳油 300~500 倍液；

25%咪鲜胺乳油 750~1 000 倍液；

12.5%腈菌唑可湿性粉剂 2 500 倍液；

50%多·霉威（多菌灵·乙霉威）可湿性粉剂 1 000~1 500 倍液；

5%菌毒清水剂 400~500 倍液+20%多·戊唑（多菌灵·戊唑醇）可湿性粉剂 1 000~1 500 倍液。

在防治中应注意多种药剂的交替使用，发病前注意与保护剂混用。

三、苹果斑点落叶病

苹果斑点落叶病在各苹果产区都有发生，以渤海湾和黄河故道地区受害较重。主要为害苹果叶片，是新红星等元帅系苹果的重要病害。造成苹果早期落叶，引起树势衰弱，果品产量和质量降低，贮藏期还容易感染其他病菌，造成腐烂。

防治方法

在发芽前全树喷 5 波美度石硫合剂，可减少树体上越冬的病菌。

在发病前（5 月中旬左右落花后）开始喷下列药剂保护：

1 : 2 : 200 倍式波尔多液；

30%碱式硫酸铜胶悬剂 300~500 倍液；

80%福美双·福美锌可湿性粉剂 600 倍液；

75%百菌清可湿性粉剂 400~600 倍液；

78%波尔多液·代森锰锌可湿性粉剂 400~600 倍液，均匀喷施。

苹果生长前期，可根据当地气候条件确定喷药时间和喷药次数。如河北、河南从 5 月中旬落花后开始喷药，云南、四川等地，一般在 4 月中旬开始喷药，间隔 10~15 天连喷 3~4 次。

20%戊唑醇·多菌灵可湿性粉剂 1 000~1 000 倍液；

25%代森锰锌·戊唑醇可湿性粉剂 500~750 倍液；

80%丙森锌·异菌脲可湿性粉剂 800~1 000 倍液。

在防治中应注意多种药剂的交替使用。果实发病初期病害发生较普遍时，应适当加大治疗剂的药量，可以施用下列药剂：

2%宁南霉素水剂 400~800 倍液；

1.5%多抗霉素可湿性粉剂 400 倍液；

70%甲基硫菌灵可湿性粉剂 600 倍液；

10%苯醚甲环唑水分散粒剂 2 000~2 500 倍液；

50%多·霉威（多菌灵·乙霉威）可湿性粉剂 1 000~1 500 倍液；

5%己唑醇悬浮剂 1 000 倍液；

25%嘧菌酯悬浮剂 1 500~2 500 倍液；

50%异菌脲可湿性粉剂 800~1 500 倍液；

20%多·戊唑（多菌灵·戊唑醇）可湿性粉剂 1 000~1 500 倍液。

在防治中应注意多种药剂的交替使用，发病前注意与保护剂混合使用。喷药时一定要周到细致，使整株叶片的正反两面均匀着药，增加喷药液量，达到淋洗程度。

四、苹果褐斑病

苹果褐斑病又称绿缘褐斑病，是引起苹果树早期落叶的最重要病害之一，全国各苹果产区均有发生。

防治方法

苹果褐斑病发病前期，注意用保护剂和适量的治疗剂混用。可以喷施下列药剂：

70%代森锰锌可湿性粉剂 500~800 倍液+70%甲基硫菌灵悬浮剂 800 倍液；

在大量叶片上出现病斑时，应及时进行治疗，可以施用下列药剂：

10%苯醚甲环唑水分散粒剂 2 000~2 500 倍液；

50%异菌脲可湿性粉剂 1 000~1 500 倍液；

50%腈菌·锰锌（腈菌唑·代森锰锌）可湿性粉剂 800~1 000 倍液；

12.5%腈菌唑可湿性粉剂 2 500 倍液等。

在防治中应注意多种药剂的交替使用。

五、苹果腐烂病

苹果腐烂病主要发生在东北、华北、西北以及华东、中南、西南的部分苹果产区。其中黄河以北发生普遍，受害严重。大树发病病株率多在 20%~30%，重病园发病病株率高达 80%以上，因病死枝、死树的现象较为常见，是对苹果生产威胁很大的毁灭性病害。

防治方法

春季 3—4 月发病高峰之际，结合刮粗翘皮，检查刮治腐烂病3次左右。刮治的基本方法是用快刀将病变组织及带菌组织彻底刮除，刮后必须涂药并妥善保护伤口。刮治必须达到以下标准：一要彻底，不但要刮净变色组织，而且要刮去0.5厘米左右的好组织。二要光滑，即刮成梭形，不留死角，不拐急弯，不留毛茬，以利伤口愈合。三要表面涂药，可用下列药剂：

10波美度石硫合剂；

3%抑霉唑膏剂200~300克/平方米；

1.8%辛菌胺醋酸盐水剂18~36倍液；

15%甲基硫菌灵·萘乙酸原液涂沫剂。

在果树旺盛生长期，在我国各地，以5—7月刮皮最好，此时树体营养充分，刮后组织可迅速愈合。刮皮的方法是，用刮皮刀将主干、主枝、大的辅养枝或侧枝表面的粗皮刮干净，露出新鲜组织，使枝干表面呈现绿一块，黄一块。一般深度可达0.5~1毫米，若遇到变色组织或小病斑，则应彻底刮干净。

入冬前，要及时涂白，防止冻害及日灼伤，涂白所用的生石灰、20波美度石硫合剂、食盐及水的比例一般为6：1：1：18。如在其中加少量动物油可防止涂白剂过早脱落。涂白剂配方：①桐油或酚醛1份；②水玻璃2~3份；③石灰2~3份；④水5~7份。将前两种混合成药液Ⅰ，后两种混合成药液Ⅱ，再将药液Ⅱ倒入药液Ⅰ中，搅拌均匀即可。

第二节 梨树

梨是我国主要果树之一，其栽培面积、产量均居世界第一位。

一、梨黑星病

梨黑星病在我国北方梨区普遍发生，以辽宁、河北、山东、山西及陕西等省发生较重，在南方各梨区其为害也在逐年加重。

危害果实，使之失去商品价值；危害叶片，导致早期落叶，严重削弱树势。

防治方法

梨树萌芽前喷施 1~3 波美度石硫合剂或用硫酸铜 10 倍液进行淋洗式喷洒，或在梨芽膨大期用 0.1%~0.2%代森铵溶液喷洒枝条。

梨芽萌动时喷洒保护剂预防病害发生，可用下列药剂：

50%多·福（多菌灵·福美双）可湿性粉剂 400~600 倍液；

80%代森锰锌可湿性粉剂 700 倍液；

75%百菌清可湿性粉剂 800 倍液；

50%多菌灵可湿性粉剂 600 倍液；

50%甲基硫菌灵·代森锰锌可湿性粉剂 600~900 倍液；

61%三乙膦酸铝·代森锰锌可湿性粉剂 300~500 倍液；

30%碱式硫酸酮悬浮剂 350~500 倍液。

花前、落花后幼果期，雨季前，梨果成熟前 30 天左右是防治该病的关键时期。各喷施 1 次药剂。可用药剂有：

80%代森锰锌可湿性粉剂 700 倍液+50%醚菌酯水分散粒剂 4 000~5 000 倍液；

75%百菌清可湿性粉剂 800 倍液+10%苯醚甲环唑水分散粒剂 2 000~3 000 倍液；

5%己唑醇悬浮剂 1 000~1 500 倍液；

50%苯菌灵可湿性粉剂 750~1 000 倍液；

47%烯唑醇·甲基硫菌灵可湿性粉剂 1 500~2 000 倍液；

15%烯唑醇·福美双悬浮剂 800~1 200 倍液；

32.5%代森锰锌·烯唑醇可湿性粉剂 400~600 倍液；

33%代森锰锌·三唑酮可湿性粉剂 800~1 200 倍液；

62.5%代森锰锌·腈菌唑可湿性粉剂 400~600 倍液；

50%氯溴异氰尿酸可溶粉剂 800~1 000 倍液；

0.3%苦参碱水剂 600~800 倍液；

20%腈菌唑·福美双可湿性粉剂1 000~1 500倍液；

21%氟硅唑·多菌灵悬浮剂2 000~3 000倍液；

65%二氰蒽醌·代森锰锌可湿性粉剂500~750倍液；

65%苯醚甲环唑·甲基硫菌灵可湿性粉剂600~900倍液；

10%苯醚甲环唑水分散粒剂6 000~7 000倍液；

40%氟硅唑乳油8 000~10 000倍液；

50%醚菌酯水分散粒剂3 000~5 000倍液；

43%戊唑醇悬浮剂3 000~4 000倍液；

30%氟菌唑可湿性粉剂3 000~4 000倍液；

40%腈菌唑可湿性粉剂8 000~10 000倍液；

25%吡唑醚菌酯乳油1 000~3 000倍液；

20%邻烯丙基苯酚可湿性粉剂600~1 000倍液；

5%亚胺唑可湿性粉剂1 000~1 200倍液；

6%氯苯嘧啶醇可湿性粉剂1 000~1 500倍液；

30%多·烯（多菌灵·烯唑醇）可湿性粉剂1 000~1 500倍液；

12.5%烯唑醇可湿性粉剂2 500~3 000倍液；

25%联苯三唑醇可湿性粉剂1 000~1 250倍液等。

为了增加展着性，可加入0.03%皮胶或0.1% 6501辅剂。

二、梨黑斑病

梨黑斑病是梨树常见病害，也是贮藏期主要病害之一。全国普遍发生，以南方发生较重。发病后引起大量裂果和早期落果，造成很大损失。

防治方法

可于梨树发芽前喷药保护，3月上中旬，喷1次0.3%~0.5%五氯酚钠+5波美度石硫合剂、65%五氯酚钠100~200倍液，以消灭枝干上越冬的病菌。

在果树生长期，一般在落花后至幼果期，即在4月下旬至7月上旬喷药保护，可以用下列药剂：

65%代森锌可湿性粉剂 500~600 倍液；

75%百菌清可湿性粉剂 800 倍液；

80%敌菌丹可溶性粉剂 1 000~1 200 倍液；

86.2%氧化亚铜干悬浮剂 800 倍液；

80%代森锰锌可湿性粉剂 700 倍液。

间隔 10 天左右，共喷药 2~3 次。

如果套袋，套袋前必须喷 1 次，开花前和开花后各喷 1 次。可用药剂有：

50%异菌脲可湿性粉剂 800~1 500 倍液；

80%代森锰锌可湿性粉剂 700 倍液+10%苯醚甲环唑水分散粒剂 6 000 倍液；

80%代森锰锌可湿性粉剂 700 倍液+50%多菌灵可湿性粉剂 800 倍液；

70%甲基硫菌灵可湿性粉剂 800~1 000 倍液+80%敌菌丹可溶性粉剂 600~800 倍液；

75%百菌清可湿性粉剂 800 倍液+70%甲基硫菌灵可湿性粉剂 700 倍液；

50%苯菌灵可湿性粉剂 1 500~1 800 倍液；

50%嘧菌酯水分散粒剂 5 000~7 000 倍液；

25%吡唑醚菌酯乳油 1 000~3 000 倍液；

12.5%烯唑醇可湿性粉剂 2 500~4 000 倍液；

24%腈苯唑悬浮剂 2 500~3 000 倍液；

40%腈菌唑水分散粒剂 6 000~7 000 倍液；

25%戊唑醇水乳剂 2 000~2 500 倍液；

1.5%多抗霉素可湿性粉剂 200~500 倍液。

三、梨轮纹病

防治方法

发芽前将枝干上轮纹病斑的变色组织彻底刮干净，然后喷布或涂抹铲除剂。病斑刮净后，涂抹下列药剂均有明显的治疗效果：0.3%~0.5%的五氯酚钠和3~5波美度石硫合剂混合液，5%菌毒清水剂100倍液，可杀死部分越冬病菌。

发病前主要施用保护剂以防止病害侵染，可以用下列药剂：

80%代森锰锌可湿性粉剂700倍液；

80%敌菌丹可溶性粉剂1 000~1 200倍液；

50%多菌灵可湿性粉剂500~800倍液；

75%百菌清可湿性粉剂800倍液等。

间隔7~14天防治1次。

果树生长期，喷药的时间是从落花后10天左右（5月上中旬）开始，到果实膨大为止（8月上中旬）。一般年份可喷药4~5次、即5月上中旬、6月上中旬（麦收前）、6月中下旬（麦收后）、7月上中旬、8月上中旬。如果早期无雨，第1次可不喷，如果雨季结束较早，果园轮纹病不重，最后1次亦可不喷。雨季延迟，则采收前还要多喷1次药。可用下列药剂：

65%代森锌可湿性粉剂500~600倍液+70%甲基硫菌灵可湿性粉剂800倍液；

4%嘧啶核苷类抗生素水剂600~800倍液；

80%敌菌丹可湿性粉剂1 000倍液+50%苯菌灵可湿性粉剂1 000倍液；

75%百菌清可湿性粉剂1 000倍液+40%氟硅唑可湿性粉剂8 000~10 000倍液；

80%代森锰锌可湿性粉剂600~800倍液+6%氯苯嘧啶醇可湿性粉剂1 000~1500倍液；

50%异菌脲可湿性粉剂1 000~1 500倍液；

60%噻菌灵可湿性粉剂1 500~2 500倍液；

50%嘧菌酯水分散粒剂5 000~7 500倍液；

25%戊唑醇水乳剂2 000~2 500倍液；

3%多氧霉素水剂400~600倍液；

1%中生菌素水剂 250~500 倍液；

35%多菌灵磺酸盐悬浮剂 600~800 倍液；

20%邻烯丙基苯酚可湿性粉剂 600~1 000 倍液。

四、梨锈病

防治方法

病害发生初期，可喷施下列药剂：

50%克菌丹可湿性粉剂 400~500 倍液；

50%灭菌丹可湿性粉剂 200~400 倍液。

生长期喷药保护梨树，一般年份可在梨树发芽期喷第 1 次药，隔 10~15 天再喷 1 次即可；春季多雨的年份，应在花前喷 1 次，花后喷 1~2 次，每次间隔 10~15 天。可用药剂有：

20%三唑酮乳油 800~1 000 倍液+75%百菌清可湿性粉剂 600 倍液；

12.5%烯唑醇可湿性粉剂 1500~2 000 倍液；

65%代森锌可湿性粉剂 500~600 倍液+40%氟硅唑乳油 8 000 倍液；

20%萎锈灵乳油 600~800 倍液+65%代森锌可湿性粉剂 500 倍液；

25%邻酰胺悬浮剂 500~800 倍液；

30%醚菌酯悬浮剂 2 000~3 000 倍液；

25%肟菌酯悬浮剂 2 000~4 000 倍液；

25%戊唑醇可湿性粉剂 1 000~1 500 倍液；

6%氯苯嘧啶醇可湿性粉剂 1 000~1 500 倍液；

2%嘧啶核苷类抗生素水剂 200~300 倍液。

五、梨褐腐病

防治方法

落花后，病害发生前期，可用下列药剂：

50%噻菌灵可湿性粉剂 800 倍液；

70%甲基硫菌灵可湿性粉剂 800 倍液；

50%多菌灵可湿性粉剂 600~800 倍液；

50%苯菌灵可湿性粉剂 1 000 倍液；

77%氢氧化铜微粒可湿性粉剂 500 倍液等。

在 8 月下旬至 9 月上旬，果实成熟前喷药 2 次，药剂可选用：

50%克菌丹可湿性粉剂 400~500 倍液；

20%唑菌胺酯水分散粒剂 1 000~2 000 倍液；

24%腈苯唑悬浮剂 2 500~3 200 倍液；

10%氰霜唑悬浮剂 2 000~2 500 倍液；

2%宁南霉素水剂 400~800 倍液；

35%多菌灵磺酸盐悬浮剂 600~800 倍液。

果实贮藏前，用 50%甲基硫菌灵可湿性粉剂 700 倍液浸果 10 分钟，晾干后贮藏。

六、梨树腐烂病

树腐烂病是梨树主要枝干病害，我国东北、华北、西北及黄河故道地区都有发生。常引起大枝、整株甚至成片梨树的死亡，对生产影响很大。

防治方法

早春、夏季注意查找病部，认真刮除病组织，涂抹杀菌剂。刮树皮：在梨树发芽前刮去翘起的树皮及坏死的组织，刮皮后结合涂药或喷药。可喷布 5%菌毒清水剂 50~100 倍液、50%福美双可湿性粉剂 50 倍液、95%银果原药（邻烯丙基苯酚）50 倍液、70%甲基硫菌灵可湿性粉剂 1 份加植物油 2.5 份、50%多菌灵可湿性粉剂 1 份加植物油 1.5 份混合等，以防止病疤复发。

第三节　桃树

桃是重要的核果类果树，原产于我国，在我国分布范围较广，栽种面积大，是深受人们青睐的营养佳品。

我国绝大部分地区都有桃树栽培，年产桃1 500万吨，居世界第一位。

一、桃疮痂病

我国各桃区均有发生，尤以北方桃区受害较重，在高温多湿的江浙一带发病最重。该病发病率为20%~30%，严重时可达40%~60%。

防治方法

萌芽前喷5波美度石硫合剂加0.3%五氯酚钠、45%晶体石硫合剂30倍液，铲除枝梢上的越冬菌源。落花后半个月是防治的关键时期，可用下列药剂：

70%甲基硫菌灵·代森锰锌可湿性粉剂800~1 000倍液；

3%中生菌素可湿性粉剂600~800倍液；

70%甲基硫菌灵可湿性粉剂800~1 000倍液；

20%邻烯丙基苯酚可湿性粉剂800倍液；

50%多菌灵可湿性粉剂1 000~1 500倍液；

65%代森锌可湿性粉剂500~800倍液；

75%百菌清可湿性粉剂800~1 000倍液；

80%代森锰锌可湿性粉剂800~1 000倍液；

50%醚菌酯水分散粒剂1 000~2 000倍液；

40%氟硅唑乳油8 000~10 000倍液。

以上药剂交替使用，效果更好。间隔10~15天喷药1次，共3~4次。

二、桃细菌性穿孔病

桃细菌性穿孔病是桃树的重要病害之一，在全国各桃产区都有发生，特别是在沿海、沿湖地区，常严重发生。

防治方法

芽膨大前期喷1∶1∶100倍式波尔多液、45%晶体石硫合剂30倍液、30%碱式硫酸铜胶悬剂300~500倍液等药剂杀灭越冬病菌。

展叶后至发病前是防治的关键时期，可喷施下列药剂：

1∶1∶100倍式波尔多液；

77%氢氧化铜可湿性粉剂400~600倍液；

30%碱式硫酸铜悬浮剂300~400倍液；

86.2%氧化亚铜可湿性粉剂2 000~2 500倍液；

47%氧氯化铜可湿性粉剂300~500倍液；

30%琥胶肥酸铜可湿性粉剂400~500倍液；

25%络氨铜水剂500~600倍液；

20%乙酸铜可湿性粉剂800~1 000倍液；

12%松酯酸铜乳油600~800倍液等。

间隔10~15天喷药1次。

发病早期及时施药防治，可以用下列药剂：

72%农用硫酸链霉素可湿性粉剂3 000~4 000倍液；

3%中生菌素可湿性粉剂400倍液；

33.5%喹啉铜悬浮剂1 000~1 500倍液；

2%宁南霉素水剂200~300倍液；

86.2%氧化亚铜悬浮剂1 500~2 000倍液等。

三、桃霉斑穿孔病

防治方法

加强桃园管理，增强树势，提高树体抗病力。对地下水位高或土壤黏重的桃园，要改良土壤，及时排水，合理整形修剪，及时剪除病枝，彻底清除病叶，集中烧毁或深埋，以减少菌源。于早春喷洒下列药剂：

50%甲基硫菌灵可湿性粉剂 800 倍液；

70%代森锰锌可湿性粉剂 800 倍液；

50%苯菌灵可湿性粉剂 1 000 倍液；

50%异菌脲可湿性粉剂 1 000~1 500 倍液；

70%丙森锌可湿性粉剂 800~1 000 倍液；

1：1：（100~160）倍式波尔多液；

30%碱式硫酸铜胶悬剂 400~500 倍液。

四、桃褐斑穿孔病

防治方法

落花后，病害发生初期时，喷洒下列药剂：

70%代森锰锌可湿性粉剂 500~800 倍液；

70%甲基硫菌灵可湿性粉剂 800~1 000 倍液；

75%百菌清可湿性粉剂 600~800 倍液；

10%苯醚甲环唑水分散粒剂 1 500~2 000 倍液；

50%异菌脲可湿性粉剂 1 000~1 500 倍液；

60%吡唑醚菌酯·代森联水分散粒剂 1 000~2 000 倍液；

50%代森锰锌·异菌脲可湿性粉剂 600~800 倍液；

18%烯肟菌酯·氟环唑悬浮剂 900~1 800 倍液；

50%甲基硫菌灵·硫磺悬浮剂 500~600 倍液。

间隔 7~10 天防治 1 次，共防 3~4 次。

五、桃炭疽病

防治方法

萌芽前喷石硫合剂加 80%五氯酚钠 200~300 倍液，或 1：1：100 倍式波尔多液，1~2 次（展叶后禁喷），铲除病源。

发芽后、谢花后是喷药防治的关键时期。可用下列药剂：

80%代森锰锌可湿性粉剂 600~800 倍液；

65%代森锌可湿性粉剂 500 倍液；

75%百菌清可湿性粉剂 800 倍液；

72%福美锌可湿性粉剂 400~600 倍液；

80%福美双水分散粒剂 900~1 200 倍液；

80%福美锌·福美双可湿性粉剂 800 倍液；

70%丙森锌可湿性粉剂 800 倍液等。

间隔 7~10 天 1 次。

发病前期及时施药，可以用下列药剂：

80%代森锰锌可湿性粉剂 600~800 倍液+50%多菌灵可湿粉 800 倍液；10%苯醚甲环唑水分散粒剂 2 000~3 000 倍液；

25%溴菌腈乳油 300~500 倍液；

55%氟硅唑·多菌灵可湿性粉剂 800~1 250 倍液；

60%吡唑醚菌酯·代森联水分散粒剂 1 000~2 000 倍液；

70%甲基硫菌灵可湿性粉剂 800~1 000 倍液等。

六、桃褐腐病

防治方法

桃树萌芽前喷洒 80%五氯酚钠加石硫合剂、1∶1∶100 倍式波尔多液，铲除越冬病菌。

落花期是喷药防治的关键时期，可用下列药剂：

75%百菌清可湿性粉剂 800 倍液+70%甲基硫菌灵可湿性粉剂 800~1 000 倍液；

50%异菌脲可湿性粉剂 1 000~2 000 倍液；

50%多菌灵可湿性粉剂 800~1 000 倍液；

24%腈苯唑悬浮剂 2 500~3 200 倍液；

25%戊唑醇水乳剂 2 500~3 000 倍液；

65%代森锌可湿性粉剂 500 倍液+50%腐霉利可湿性粉剂

1 000~1 500 倍液；

75%百菌清可湿性粉剂 800 倍液+50%苯菌灵可湿性粉剂 1 000~1 500 倍液等。

发病严重的桃园可每 15 天喷 1 次药，采收前 3 周停喷。

第四节　柑橘

一、柑橘黄龙病

防治方法

（1）严格实行检疫制度，严禁从病区调运苗木和接穗。

（2）建立无病苗圃，培育种植无病毒苗木。

（3）严格防治传病昆虫——柑橘木虱。

（4）及时挖除病株并集中烧毁。

二、柑橘溃疡病

防治方法

4—7 月喷药 5~8 次。防效较好的药剂有：77%可杀得可湿性粉剂 600 倍液、20%叶青双可湿性粉剂 500 倍液、53%可杀得 2 000 可湿性粉剂 1 000 倍液、72%农用链霉素可溶性粉剂 1 000 倍液+1%酒精溶液浸 30~60 分钟、倍量式波尔多液+1%茶籽麸浸出液等。

三、柑橘炭疽病

防治方法

（1）加强培管。深耕改土、增施有机肥；避免偏施氮肥，适当施用磷钾肥；及时排灌、治虫、防冻，增强树势，提高树体抗病力。

（2）减少病原。结合修剪，剪除病枝叶、衰老叶、交叉枝

及过密枝，将病叶、病果集中深埋或烧毁，并全面喷布 0.5~
0.8 波美度石硫合剂 1 次，以减少菌源，使树冠通风透光。

（3）药剂防治。早春萌芽前喷 0.8~1 波美度石硫合剂 1 次；
春芽米粒大时喷 0.5%等量式波尔多液 1 次；5 月下旬至 6 月上
旬喷 25%咪酰胺乳油 500~1 000 倍液、10%甲醚苯环唑水分散粒
剂 2 000~2 500 倍液、50%代森锰锌可湿性粉剂 600 倍液 1~2
次；9—10 月喷 50%代森锰锌可湿性粉剂 600 倍液 1~2 次。

四、柑橘疮痂病

防治方法

防治本病应采取以药剂防治为重点的综合防治措施。

（1）结合修剪，清除病枝叶，并集中烧毁。

（2）在春芽萌动至芽长 2~3 毫米和谢花 2/3 时（幼果初
期）各喷 1 次药。如抽夏梢时遇低温阴雨，则应喷第 3 次药，
以保护夏梢及果实。防治溃疡病的药剂均可兼治本病。此外还
可选用 80%代森锌可湿性粉剂 800 倍液、50%多菌灵可湿性粉剂
1 000 倍液、75%甲基托布津可湿性粉剂 1 000 倍液、80%必得
利 MZ-120 可湿性粉剂 600 倍液、50%萃丰特可湿性粉剂 1 000
倍液等。

第五节　杏、李、柿

杏、李、柿在我国都有较大的栽培面积，分布广泛，南北
方均有种植。

一、杏疔病

防治方法

在杏树冬季修剪后到萌芽前（3 月上中旬），对树体全面喷
5 波美度石硫合剂。

对没有彻底清除病枝的地区，可在杏树展叶时喷下列药剂：

1 : 1.5 : 200 倍式波尔多液；

30%碱式硫酸铜胶悬剂 300~500 倍液；

14%络氨铜水剂 300~500 倍液；

70%甲基硫菌灵可湿性粉剂 800~1 000 倍液。

间隔 10~15 天喷 1 次，防治 1~2 次，效果良好。连续 2~3 年全面清理病枝、病叶的杏园可完全控制杏疔病。

二、杏褐腐病

防治方法

早春发芽前喷 5 波美度石硫合剂。

在落花以后幼果期，可喷施下列药剂：

65%代森锌可湿性粉剂 400~500 倍液；

80%代森锰锌可湿性粉剂 600~800 倍液；

65%福美锌可湿性粉剂 400~600 倍液；

75%百菌清可湿性粉剂 600~800 倍液。

以上药剂能有效地控制病情蔓延，间隔 10~15 天喷 1 次，连续 3 次。

于果实近成熟时，可喷施下列药剂：

50%苯菌灵可湿性粉剂 1 000~1 500 倍液；

70%甲基硫菌灵可湿性粉剂 800~1 000 倍液。

三、杏细菌性穿孔病

防治方法

春季萌芽前喷 5 波美度石硫合剂、45%晶体石硫合剂 30 倍液，清除枝梢上的越冬菌源。

落花后 15 天是防治的关键时期，可选用下列药剂：

70%甲基硫菌灵·代森锰锌可湿性粉剂 800~1 000 倍液；

3%中生菌素可湿性粉剂 600~800 倍液；

70%甲基硫菌灵可湿性粉剂 800~1 000 倍液；

50%克菌丹可湿性粉剂 400~500 倍液；

50%灭菌丹可湿性粉剂 200~400 倍液；

50%多菌灵可湿性粉剂 800~1 000 倍液；

65%代森锌可湿性粉剂 500~800 倍液；

75%百菌清可湿性粉剂 600~800 倍液；

80%代森锰锌可湿性粉剂 800~1 200 倍液。

病害发生初期，可喷施下列药剂：

50%苯菌灵可湿性粉剂 1 500~1 800 倍液；

50%嘧菌酯水分散粒剂 5 000~7 000 倍液；

25%吡唑醚菌酯乳油 1 000~3 000 倍液；

40%环唑醇悬浮剂 7 000~10 000 倍液；

10%苯醚甲环唑水分散粒剂 1 500~2 000 倍液；

40%氟硅唑乳油 8 000~10 000 倍液；

5%己唑醇悬浮剂 800~1 500 倍液；

5%亚胺唑可湿性粉剂 600~700 倍液；

40%腈菌唑水分散粒剂 6 000~7 000 倍液；

30%氟菌唑可湿性粉剂 2 000~3 000 倍液；

20%邻烯丙基苯酚可湿性粉剂 600~1 000 倍液。

药剂交替使用，效果更好。间隔 10~15 天喷药 1 次，共 3~4 次。

四、李红点病

防治方法

在李树开花末期至展叶期，喷施下列药剂：

1：2：200 倍式波尔多液；

50%琥胶肥酸铜可湿性粉剂 500~600 倍液；

14%络氨铜水剂 300~500 倍液。

从李树谢花至幼果膨大期，连续喷施下列药剂：

65%代森锌可湿性粉剂 500~600 倍液+50%多菌灵可湿性粉剂 500 倍液；

80%代森锰锌可湿性粉剂 500 倍液+50%异菌脲可湿性粉剂 8 000 倍液；

75%百菌清可湿性粉剂 1 000 倍液+40%氟硅唑乳油 5 000 倍液；

70%代森锰锌可湿性粉剂 800 倍液+10%苯醚甲环唑水分散粒剂 2 500 倍液等。

间隔 10 天左右，遇雨要及时补喷，可有效防治李树红点病。

五、李袋果病

防治方法

李树开花发芽前，可喷洒下列药剂：

3~4 波美度石硫合剂；

1∶1∶100 等量式波尔多液；

77%氢氧化铜可湿性粉剂 500~600 倍液；

30%碱式硫酸铜胶悬剂 400~500 倍液；

45%晶体石硫合剂 30 倍液。

可以铲除越冬菌源，减轻发病。

自李芽开始膨大至露红期，可选用下列药剂：

65%代森锌可湿性粉剂 400 倍液+50%苯菌灵可湿性粉剂 1 500 倍液；

70%代森锰锌可湿性粉剂 500 倍液+70%甲基硫菌灵可湿性粉剂 500 倍液等。

每 10~15 天喷 1 次，连喷 2~3 次。

六、李侵染性流胶病

防治方法

加强果园管理，增强树势。增施有机肥，低洼积水地注意排水，改良土壤，盐碱地要注意排盐，合理修剪，减少枝干伤口。预防病虫伤口。

药剂防治可参考桃树侵染性流胶病。

七、李疮痂病

防治方法

早春发芽前将流胶部位病组织刮除，然后涂抹 45% 晶体石硫合剂 30 倍液，或喷 3~5 波美度石硫合剂加 80% 的五氯酚钠原粉 200~300 倍液，或用 1：1：100 等量式波尔多液，铲除病原菌。

生长期于 4 月中旬至 7 月上旬，每隔 20 天用刀纵、横划病部，深达木质部，然后用毛笔蘸药液涂于病部。可用下列药剂：

70% 甲基硫菌灵可湿性粉剂 600~800 倍液+50% 福美双可湿性粉剂 300 倍液；

80% 乙蒜素乳油 50 倍液；

1.5% 多抗霉素水剂 100 倍液处理。

八、柿炭疽病

该病在我国发生很普遍。在华北、西北、华中、华东各省区都有发生。

防治方法

在发芽前，喷 1 次 0.5~1 波美度石硫合剂，以减少初次侵染源。

生长季 6 月中旬至 7 月中旬，病害发生初期，喷药防治，可用药剂有：

70% 甲基硫菌灵可湿性粉剂 800~1 000 倍液+80% 代森锰锌可湿性粉剂 600~800 倍液；

50% 多菌灵可湿性粉剂 500~800 倍液+80% 福美锌·福美双可湿性粉剂 500~800 倍液；

60% 噻菌灵可湿性粉剂 1 500~2 000 倍液+65% 代森锌可湿

性粉剂 600~800 倍液；

10%苯醚甲环唑水分散粒剂 1 500~2 000 倍液；

40%氟硅唑乳油 8 000~10 000 倍液；

5%己唑醇悬浮剂 800~1 500 倍液。

九、柿角斑病

防治方法

可在柿芽刚萌发、苞叶未展开前喷等量式波尔多液或 30% 碱式硫酸铜胶悬剂 400 倍液；苞叶展开时喷施 80%代森锰锌可湿性粉剂 350 倍液。

喷药保护要抓住关键时间，一般为 6 月下旬至 7 月下旬，即落花后 20~30 天。可选用下列药剂：

70%甲基硫菌灵可湿性粉剂 1 000~1 500 倍液+75%百菌清可湿性粉剂 600~800 倍液；

53.8%氢氧化铜悬浮剂 700~900 倍液；

25%多菌灵可湿性粉剂 600~1 000 倍液+70%代森锰锌可湿性粉剂 800~1 000 倍液；

50%异菌脲可湿性粉剂 1 000~1 500 倍液+50%敌菌灵可湿性粉剂 500~600 倍液；

40%多菌灵·硫磺悬浮剂 400~500 倍液；

50%嘧菌酯水分散粒剂 5 000~7 000 倍液；

25%烯肟菌酯乳油 2 000~3 000 倍液；

25%吡唑醚菌酯乳油 1 000~3 000 倍液；

10%苯醚甲环唑水分散粒剂 1 500~2 000 倍液；

5%亚胺唑可湿性粉剂 600~700 倍液；

40%腈菌唑水分散粒剂 6 000~1 000 倍液；

20%邻烯丙基苯酚可湿性粉剂 600~1 000 倍液等。

间隔 8~10 天再喷 1 次。

十、柿圆斑病

防治方法

春季柿树发芽前要全树喷洒 1 次 5 波美度石硫合剂，以铲除越冬病菌。

可于 6 月上旬（柿落花后 20~30 天），喷洒下列药剂：

1∶5∶500 倍式波尔多液；

30%碱式硫酸铜胶悬剂 400~500 倍液；

80%代森锰锌可湿性粉剂 600~800 倍液；

75%百菌清可湿性粉剂 600~800 倍液；

70%甲基硫菌灵可湿性粉剂 800~1 000 倍液；

65%代森锌可湿性粉剂 500~600 倍液；

50%异菌脲可湿性粉剂 1 000~1 500 倍液；

50%苯菌灵可湿性粉剂 1 500~1 800 倍液；

25%吡唑醚菌酯乳油 1 000~3 000 倍液；

40%腈菌唑水分散粒剂 6 000~7 000 倍液；

25%丙环唑乳油 500~1 000 倍液。

如降雨频繁，半月后再喷 1 次。

十一、柿黑星病

防治方法

在萌芽前喷洒 5 波美度石硫合剂或 1∶5∶400 倍式波尔多液 1~2 次。

生长季节一般掌握在 6 月上中旬，柿树落花后，喷洒下列药剂：

50%多菌灵可湿性粉剂 600~800 倍液+70%代森锰锌可湿性粉剂 500~600 倍液；

50%苯菌灵可湿性粉剂 1 000~1 500 倍液+50%克菌丹可湿性粉剂 400~500 倍液；

50%嘧菌酯水分散粒剂 1 000~2 000 倍液；

25%吡唑醚菌酯乳油 1 000~3 000 倍液；

20%邻烯丙基苯酚可湿性粉剂 600~1 000 倍液。

在重病区第 1 次喷药后半个月再喷 1 次，则效果更好。

第六节　枣

一、枣锈病

防治办法

合理密植，修剪过密枝条，以利通风透光，增强树势，雨季及时排水，防止果园过湿，行间不种高秆作物和西瓜、蔬菜等经常灌水的作物。落叶后至发芽前，彻底清扫枣园内落叶，集中烧毁或深翻掩埋土中，消灭初侵染来源。

6 月中旬，夏孢子萌发前，喷施下列药剂进行预防：

80%代森锰锌可湿性粉剂 600~800 倍液；

65%代森锌可湿性粉剂 500~600 倍液等。

在 7 月中旬枣锈病的盛发期喷药防治，可用下列药剂：

20.67%恶唑菌酮·氟硅唑 2 000~2 500 倍液；

25%三唑铜可湿性粉剂 1 000~1 500 倍液；

10%苯醚甲环唑水分散粒剂 1 000~1 500 倍液；

12.5%烯唑醇可湿性粉剂 1 000~2 000 倍液；

50%多菌灵可湿性粉剂 800~1 000 倍液；

50%甲基硫菌灵可湿性粉剂 1 000~1 500 倍液；

20%萎锈灵乳油 600~800 倍液；

97%敌锈钠可湿性粉剂 500~600 倍液；

12.5%腈菌唑乳油 2 000~3 000 倍液。

间隔 15 天再喷施 1 次。

二、枣疯病

防治方法

于早春树液流动前和秋季树液回流至根部前，注射 1 000 万单位土霉素 100 毫升/株或 0.1%四环素 500 毫升/株。

以 4 月下旬、5 月中旬和 6 月下旬为最佳喷药防治传毒害虫时期，全年共喷药 3~4 次。可喷施下列药剂：

25%喹硫磷乳油 1 000~1500 倍液；

80%敌敌畏乳油 800~1 000 倍液；

50%辛硫磷乳油 1 000~2 000 倍液；

50%杀螟硫磷乳油 1 000~1 500 倍液；

20%异丙威乳油 500~800 倍液；

10%氯氰菊酯乳油 2 000~3 000 倍液；

2.5%溴氰菊酯乳油 2 000~2 500 倍液；

10%联苯菊酯乳油 2 000~2 500 倍液等。

三、枣炭疽病

防治方法

于发病期前的 6 月下旬喷施一次杀菌剂消灭树上病源，可选用下列药剂：75%百菌清可湿性粉剂 600~800 倍液；

77%氢氧化铜可湿性粉剂 400~600 倍液；

于 7 月下旬至 8 月下旬，间隔 10 天喷药 1 次，可选用下列药剂：

1：2：200 倍式波尔多液；

50%苯菌灵可湿性粉剂 500~600 倍液；

40%氟硅唑乳油 8 000~10 000 倍液；

70%甲基硫菌灵可湿性粉剂 800~1 000 倍液；

50%多菌灵可湿性粉剂 800~1 000 倍液等。

第七节　樱桃

樱桃属于蔷薇科落叶乔木果树。樱桃成熟时颜色鲜红，玲珑剔透，味美形娇，营养丰富，医疗保健价值颇高，又有"含桃"的别称。

一、樱桃褐斑穿孔病

防治方法

果树发芽前，喷施 1 次 4~5 波美度石硫合剂。

发病严重的果园要以防为主，可在落花后，喷施下列药剂：

70%甲基硫菌灵可湿性粉剂 800~1 000 倍液；

50%多菌灵可湿性粉剂 800~1 000 倍液；

70%代森锰锌可湿性粉剂 600~800 倍液；

3%中生菌素可湿性粉剂 500~600 倍液；

50%混杀硫悬浮剂 500~600 倍液。

间隔 7~10 天防治 1 次，共喷施 3~4 次。

在采果后，全树再喷施 1 次药剂。

二、樱桃褐腐病

防治方法

开花前或落花后，可用下列药剂：

70%甲基硫菌灵可湿性粉剂 800~1 000 倍液；

50%多菌灵可湿性粉剂 600~800 倍液；

50%腐霉利可湿性粉剂 1 500~2 000 倍液；

50%异菌脲可湿性粉剂 1 000~1 500 倍液。

三、樱桃侵染性流胶病

防治方法

加强果园管理，合理建园，改良土壤。大樱桃适宜在砂质壤土和壤土上栽培，加强土、肥、水管理，提高土壤肥力，增强树势。合理修剪，一次疏枝不可过多，对大枝也不宜疏除，避免造成较大的剪锯口伤，避免流胶或干裂，削弱树势。树形紊乱，非疏除不可时，也要分年度逐步疏除大枝，掌握适时适量为好。

药剂防治可参考桃树侵染性流胶病。

四、樱桃细菌性穿孔病

防治方法

加强果园管理，增施有机肥和磷钾肥，增强树势，提高抗病能力。土壤黏重和雨水较多时，改土防水。合理整形修剪，改善通风透光条件。冬夏修剪时，及时剪除病枝，清扫病叶，集中烧毁或深埋。

药剂防治可参考桃细菌性穿孔病。

五、樱桃炭疽病

防治方法

落花后可选用下列药剂：

70%甲基硫菌灵可湿性粉剂 600~800 倍液；

50%多菌灵可湿性粉剂 600~1 000 倍液；

80%代森锰锌可湿性粉剂 600~800 倍液；

80%福美双·福美锌可湿性粉剂 800~1 000 倍液；

10%苯醚甲环唑水分散粒剂 1 500~2 000 倍液；

40%氟硅唑乳油 8 000~10 000 倍液；

5%己唑醇悬浮剂 800~1 500 倍液；

40%腈菌唑水分散粒剂 6 000~7 000 倍液；

25%咪鲜胺乳油 800~1 000 倍液；

50%咪鲜胺锰络化合物可湿性粉剂 1 000~1 500 倍液；

6%氯苯嘧啶醇可湿性粉剂 1 000~1 500 倍液等。

喷雾防治，间隔 5~7 天喷 1 次，连喷 2~3 次。

六、樱桃叶斑病

防治方法

扫除落叶，消灭越冬病源。加强综合管理，改善园地条件，增强树势，提高树体抗病力。及时开沟排水，疏除过密枝条，改善樱桃园通风透光条件，避免园内湿气滞留。

药剂防治可参考樱桃褐斑穿孔病。

七、樱桃腐烂病

防治方法

适当疏花疏果，增施有机肥，及时防治造成早期落叶的病虫害。

在樱桃发芽前刮去翘起的树皮及坏死的组织，然后向病部喷施 50%福美双可湿性粉剂 300 倍液。

生长期发现病斑，可刮去病部，涂抹下列药剂：

70%甲基硫菌灵可湿性粉剂 1 份，加植物油 2.5 份；

50%多菌灵可湿性粉剂 50~100 倍液；

70%百菌清可湿性粉剂 50~100 倍液等。

间隔 7~10 天再涂 1 次，防效较好。

八、樱桃花叶病

防治方法

蚜虫发生期，喷药防治蚜虫，减少传播媒介。防治蚜虫可用药剂有：

10%吡虫啉可湿性粉剂 2 000~3 000 倍液；

10%氯氰菊酯乳油 2 000~2 500 倍液；

80%敌敌畏乳油 1 000~1 500 倍液；

50%抗蚜威可湿性粉剂 1 500~2 000 倍液等。

在樱桃花叶病病害发生初期，可喷施下列药剂：

20%盐酸吗啉胍·乙酸铜可湿性粉剂 500~600 倍液；

1.5%植病灵乳剂 500~1 000 倍液；

10%混合脂肪酸乳油 200~300 倍液；

0.5%菇类蛋白多糖水剂 250~300 倍液；

5%菌毒清水剂 300~500 倍液；

4%嘧肽霉素水剂 200~250 倍液。

喷洒叶面，间隔 7~10 天喷 1 次，连续喷施 2~3 次。

第八节　猕猴桃

一、猕猴桃溃疡病

防治方法

（1）冬季修剪后及时清园，把带病菌的枯枝落叶集中烧毁，并用伤口涂布剂保护好修剪伤口。

（2）药剂防治：全园喷药防治与局部治疗结合进行，使用 14%络氨铜水剂 300 倍液、77%可杀得可湿性微粒粉剂 500 倍液、50%琥胶肥酸铜可湿性粉剂 500 倍液、72%农用硫酸链霉素可溶性粉剂 4 000 倍液等进行喷、涂，均有一定的防治效果。

二、猕猴桃白绢根腐病

防治方法

（1）利用抗病砧木、选栽无病苗木及苗木消毒，对有疑似染病的苗木用 70%甲基托布津 500 倍液浸 10~30 分钟，然后栽植。

（2）加强栽培管理，要做好开沟排水，雨后及时排出积水。增施有机肥，适当多施钾肥。苗木定植时，嫁接口要露出土面。

（3）挖除病株及病土消毒：挖除的病残根要全部收集烧毁。病穴土壤要灌溉 40% 甲醛 100 倍液或五氯酚钠 150 倍液消毒。严重的要施用石灰消毒，每公顷用量为 750~1 125 千克，经过 15 天以上，在其有效成分分解后，才可以种植果树。

三、猕猴桃褐斑病

防治方法

（1）加强果园管理，清沟排水；增施有机肥，增强树势；适时修剪，冬季彻底清园，清除病残体。

（2）药剂防治：发病初期，用 50% 多菌灵 500 倍液、50% 甲基托布津 500 倍液、75% 百菌清 500 倍液、70% 代森锰锌 400~500 倍液或 50% 甲霜锰锌 400 倍液，隔 10~15 天喷 1 次，连喷 3~4 次。在采果前 30 天，用上述药液喷 1~2 次，可延长叶片寿命，提高果实品质。

第九节　葡萄

葡萄原产于欧洲、西亚和北非一带。葡萄适应性很强，我国主要产于新疆、甘肃、山西、河北、河南、山东等地。

一、葡萄霜霉病

葡萄霜霉病在世界各葡萄产区均有发生。在我国沿海、长江流域及黄河流域，此病广泛流行。生长早期发病可使新梢、花穗枯死；中后期发病可引起早期落叶或大面积枯斑而严重削弱树势，影响下一年产量。病害引起新梢生长低劣、不充实、易受冻害，引起越冬芽枯死。

防治方法

葡萄发芽前，可在植株和附近地面喷 1 次 3~5 波美度的石硫合剂，以杀灭菌源，减少初侵染。

从 6 月上旬坐果初期开始，喷施下列药剂进行预防：

75%百菌清可湿性粉剂 600~800 倍液；

80%代森锰锌可湿性粉剂 600~800 倍液；

70%丙森锌可湿性粉剂 400~600 倍液；

56%氧化亚铜悬浮剂 800~1 000 倍液；

70%百菌清·福美双可湿性粉剂 600~800 倍液；

50%多菌灵·福美双可湿性粉剂 400~500 倍液；

77%硫酸铜钙可湿性粉剂 500~700 倍液；

80%波尔多液可湿性粉剂 300~400 倍液；

78%波尔多液·代森锰锌可湿性粉剂 500~600 倍液；

77%氢氧化铜可湿性粉剂 600~700 倍液；

50%克菌丹可湿性粉剂 400~500 倍液；

50%灭菌丹可湿性粉剂 200~400 倍液等。

在病害发生初期，可用下列药剂：

1.5%多抗霉素可湿性粉剂 300~500 倍液；

68.75%恶唑菌酮·代森锰锌可分散粒剂 800~1 200 倍液；

68%精甲霜灵·代森锰锌水分散粒剂 550~660 倍液；

60%吡唑醚菌酯·代森联水分散粒剂 1 000~2 000 倍液；

66.8%丙森锌·缬霉威可湿性粉剂 700~1 000 倍液；

25%烯酰吗啉·松脂酸铜水乳剂 800~1 000 倍液；

69%烯酰吗啉·代森锰锌可湿性粉剂 1 000~1 500 倍液；

40%克菌丹·戊唑醇悬浮剂 1 000~1 500 倍液；

50%氟吗啉·三乙膦酸铝可湿性粉剂 800~1 500 倍液；

50%嘧菌酯水分散粒剂 5 000~7 000 倍液；

58%甲霜灵·代森锰锌可湿性粉剂 300~400 倍液；

50%甲霜灵·乙膦铝可湿性粉剂 750~1 000 倍液；

72%甲霜灵·百菌清可湿性粉剂800~1 000倍液。
喷雾时要注意叶片正面和背面都要喷洒均匀。
病害发生中期，可用下列药剂：
50%甲呋酰胺可湿性粉剂800~1 000倍液；
25%甲霜灵可湿性粉剂500~800倍液；
50%恶霜灵可湿性粉剂2 000倍液；
20%唑菌胺酯水分散粒剂1 000~2 000倍液；
25%烯肟菌酯乳油2 000~3 000倍液；
10%氰霜唑悬浮剂2 000~2 500倍液；
12.5%噻唑菌胺可湿性粉剂1 000倍液；
25%甲霜灵·霜霉威可湿性粉剂600~800倍液；
25%双炔酰菌胺悬浮剂1 500~2 000倍液；
25%烯肟菌胺·霜脲氰可湿性粉剂2 250~4 500倍液；
80%三乙膦酸铝可湿性粉剂400~600倍液；
50%烯酰吗啉可湿性粉剂800~1 500倍液。
为防止病菌产生抗药性，杀菌剂应交替使用。

二、葡萄黑痘病

防治方法
葡萄开花前，可喷施下列药剂：
80%丙森锌可湿性粉剂800~1 000倍液；
75%百菌清可湿性粉剂600~700倍液；
65%代森锌可湿性粉剂500~600倍液；
86.2%氢氧化铜悬浮剂1 000~1 500倍液；
70%代森锰锌可湿性粉剂600~800倍液等。
葡萄开花后病害发生初期，可喷施下列药剂：
70%甲基硫菌灵可湿性粉剂800~1 000倍液；
3%中生菌素可湿性粉剂600~800倍液；
25%嘧菌酯悬浮剂800~1 250倍液；

32.5%代森锰锌·烯唑醇可湿性粉剂 400~600 倍液；

5%亚胺唑可湿性粉剂 600~800 倍液；

25%戊唑醇水乳剂 1 000~2 000 倍液等。

在病害发生中期，可用下列药剂：

40%氟硅唑乳油 8 000~10 000 倍液；

50%咪鲜胺锰盐可湿性粉剂 1 500~2 000 倍液；

40%噻菌灵可湿性粉剂 1 000~1 500 倍液；

25%咪鲜胺乳油 800~1 000 倍液；

10%苯醚甲环唑水分散粒剂 2 000 倍液；

12.5%烯唑醇可湿性粉剂 2 000~3 000 倍液；

50%腐霉利可湿性粉剂 800~1 000 倍液等。

若遇下雨，要及时补喷。控制了春季发病高峰，还应注意控制秋季发病高峰。

三、葡萄白腐病

葡萄白腐病是葡萄重要病害之一。主要发生在我国东北、华北、西北和华东北部地区。在北方产区一般年份果实损失率为 15%~20%，病害流行年份果实损失率可达 60%以上，甚至绝收。在南方高温高湿地区，该病为害也相当严重。

防治方法

在葡萄发芽前，喷施 1 次下列药剂：

3~5 波美度石硫合剂；

50%硫悬浮剂 200~300 倍液；

50%克菌丹可湿性粉剂 200~400 倍液。

对越冬菌源有较好的铲除效果。

生长季节，葡萄开花后，病害发生前期，可用下列药剂进行预防：

75%百菌清可湿性粉剂 700~800 倍液；

50%福美双可湿性粉剂 500~1 000 倍液；

78%代森锰锌·波尔多液可湿性粉剂 400~600 倍液；

65%代森锌可湿性粉剂 600~800 倍液；

70%甲基硫菌灵可湿性粉剂 800 倍液；

25%嘧菌酯悬浮剂 800~1 250 倍液。

病害发生初期，可用下列药剂：

25%戊唑醇水乳剂 2 000~3 000 倍液；

25%嘧菌酯悬浮剂 800~1 250 倍液；

35%丙环唑·多菌灵悬浮剂 1 400~2 000 倍液；

40%氟硅唑乳油 8 000~10 000 倍液；

10%苯醚甲环唑水分散粒剂 2 500~3 000 倍液等。

均匀喷施，间隔 10~15 天再喷 1 次，多雨季节防治 3~4 次。

四、葡萄炭疽病

葡萄炭疽病是在葡萄近成熟期引起果实腐烂的重要病害之一，在我国各葡萄产区均有分布，长江流域及黄河故道各省市普遍发生，南方高温多雨的地区发生最普遍。高温多雨的地区，早春也可引起葡萄花穗腐烂，严重时可减产 30%~40%。

防治方法

春季幼芽萌动前喷洒 3~5 波美度石硫合剂加 0.5%五氯酚钠。

在葡萄发芽前后，可喷施 1∶0.7∶200 倍式波尔多液、80%代森锰锌可湿性粉剂 300~500 倍液、波美 3 度石硫合剂+80%五氯酚钠原粉 200 倍液。

葡萄落花期，病害发生前期，可喷施下列药剂：

50%多菌灵可湿性粉剂 600~800 倍液；

80%代森锰锌可湿性粉剂 600~800 倍液；

70%丙森锌可湿性粉剂 600~800 倍液等。

6 月中旬葡萄幼果期是防治的关键时期，可喷施下列药剂：

2%嘧啶核苷类抗生素水剂 200 倍液；

1%中生菌素水剂 250~500 倍液；

35%丙环唑·多菌灵悬浮剂 1 400~2 000 倍液；

25%咪鲜胺乳油 800~1 500 倍液；

40%腈菌唑可湿性粉剂 4 000~6 000 倍液；

40%氟硅唑乳油 8 000~10 000 倍液；

40%克菌丹·戊唑醇悬浮剂 1 000~1 500 倍液；

50%醚菌酯干悬浮剂 3 000~5 000 倍液；

43%戊唑醇悬浮剂 2 000~2 500 倍液；

60%噻菌灵可湿性粉剂 1 500~2 000 倍液；

5%己唑醇悬浮剂 800~1 500 倍液；

6%氯苯嘧啶醇可湿性粉剂 1 000~1 500 倍液等。

间隔 10~15 天，连喷 3~5 次。

五、葡萄灰霉病

灰霉病是一种严重影响葡萄生长和贮藏的重要病害。目前，在河北、山东、辽宁、四川、上海等地发生严重。春季是引起花穗腐烂的主要病害，流行时感病品种花穗被害率达 70%以上。成熟的果实也常因此病在贮藏、运输和销售期间发生腐烂。

防治方法

春季开花前，喷洒 1：1：200 等量式波尔多液、50%多菌灵可湿性粉剂 500 倍液或 70%甲基硫菌灵可湿性粉剂 600 倍液等，喷 1~2 次，有一定的预防效果。

4 月上旬葡萄开花前，可喷施下列药剂进行预防：

80%代森锰锌可湿性粉剂 600~800 倍液；

50%多菌灵可湿性粉剂 800~1 000 倍液。

在病害发生初期，可喷施下列药剂：

40%嘧霉胺悬浮剂 1 000~1 200 倍液；

50%嘧菌环胺水分散粒剂 625~1 000 倍液；

40%双胍三辛烷基苯磺酸盐可湿性粉剂 1 000~1 500 倍液；

40%双胍辛胺可湿性粉剂 1 000~2 000 倍液；

25%咪鲜胺乳油 1 000~1 500 倍液；

60%噻菌灵可湿性粉剂 500~600 倍液；

50%异菌脲可湿性粉剂 1 000~1 500 倍液；

50%苯菌灵可湿性粉剂 1 000~1 500 倍液。

间隔 10~15 天，连喷 2~3 次。

六、葡萄褐斑病

防治方法

春季萌芽后可喷施下列药剂，减少越冬菌源：

80%代森锰锌可湿性粉剂 500~800 倍液；

50%多菌灵可湿性粉剂 1 000~1 500 倍液；

75%百菌清可湿性粉剂 800~1 000 倍液；

70%甲基硫菌灵可湿性粉剂 800~1 000 倍液；

65%代森锌可湿性粉剂 500~800 倍液。

展叶后 6 月中旬，即发病初期，可喷施下列药剂：

10%苯醚甲环唑水分散粒剂 3 000~5 000 倍液；

25%丙环唑乳油 3 000~5 000 倍液；

50%氯溴异氰尿酸可溶性粉剂 1 500 倍液；

50%嘧菌酯水分散粒剂 5 000~7 000 倍液；

25%吡唑醚菌酯乳油 1 000~3 000 倍液；

12.5%烯唑醇可湿性粉剂 2 500~4 000 倍液；

24%腈苯唑悬浮剂 2 500~3 200 倍液；

40%腈菌唑水分散粒剂 6 000~7 000 倍液；

25%戊唑醇水乳剂 2 000~2 500 倍液等。

间隔 10~15 天，连喷 2~3 次，防效显著。

第十节 草莓

中国目前草莓，主要产地分布在辽宁、河北、山东、江苏、上海、浙江等东部沿海地区，近几年，四川、安徽、新疆、北京等地区发展也很快。

一、草莓灰霉病

防治方法

移栽或育苗整地前，可用下列药剂：

65%甲基硫菌灵·乙霉威可湿性粉剂400~600倍液+50%克菌丹可湿性粉剂400~600倍液；

50%多菌灵·乙霉威可湿性粉剂600~800倍液+50%敌菌灵可湿性粉剂400~500倍液；

40%嘧霉胺悬浮剂800~1 000倍液。

对棚膜、土壤及墙壁等表面喷雾，进行消毒灭菌。

草莓开花前开始喷药防治，选用下列药剂：

70%甲基硫菌灵可湿性粉剂800~1 000倍液+75%百菌清可湿性粉剂600~800倍液；

50%腐霉利可湿性粉剂1 000~2 000倍液；

50%乙烯菌核利可湿性粉剂600~800倍液；

10%多氧霉素可湿性粉剂500~750倍液；

25%戊唑醇水乳剂1 000~1 500倍液；

40%嘧霉胺悬浮剂800~1 200倍液；

1 000亿个/克枯草芽孢杆菌可湿性粉剂500~800倍液；

50%克菌丹可湿性粉剂400~800倍液；

50%啶酰菌胺水分散粒剂1 000~1 500倍液；

0.3%黄酮·苦参碱·小檗碱水剂200~300倍液；

50%异菌脲可湿性粉剂1 500~2 000倍液；

50%嘧菌环胺水分散粒剂 800~1 000 倍液；

40%双胍辛胺可湿性粉剂 1 000~2 000 倍液；

40%双胍三辛烷基苯磺酸盐可湿性粉剂 1 000~1 500 倍液。

间隔 7~10 天喷 1 次，共喷 3~4 次，重点喷花果。

防治大棚或温室草莓灰霉病，采用熏蒸法，可用下列药剂：

6.5%甲基硫菌灵·乙霉威粉尘剂 1 千克/亩；

20%嘧霉胺烟剂 0.3~0.5 千克/亩；

10%腐霉利烟剂 200~250 克/亩；

45%百菌清粉尘剂 1 千克/亩熏烟。

间隔 7~10 天熏 1 次，连续或与其他防治法交替使用 2~3 次，防治效果较理想。

二、草莓蛇眼病

草莓蛇眼病分布较广，常与叶部病害混合发生，保护地和露地均可发生。严重时发病率可达 40%~60%。

防治方法

发病前期，可喷施下列药剂：

75%百菌清可湿性粉剂 500~600 倍液；

77%氢氧化铜可湿性粉剂 500~600 倍液；

65%代森锌可湿性粉剂 600~800 倍液；

80%代森锰锌可湿性粉剂 600~800 倍液等。

发病初期，喷施下列药剂：

50%琥胶肥酸铜可湿性粉剂 500~600 倍液；

50%敌菌灵可湿性粉剂 500~700 倍液；

25%丙环唑乳油 1 500~2 000 倍液；

10%苯醚甲环唑水分散粒剂 2 000~3 000 倍液；

40%氟硅唑乳油 5 000~7 000 倍液；

70%甲基硫菌灵可湿性粉剂 800~1 000 倍液；

50%异菌脲可湿性粉剂 1 000~1 500 倍液；

50%苯菌灵可湿性粉剂 1 500~1 800 倍液。

间隔 10 天喷 1 次，共喷 2~3 次，采收前 3 天停止用药。

三、草莓白粉病

草莓白粉病是草莓的重要病害，尤其大棚草莓受害严重。发生严重时，病叶率达 45%以上，病果率达 50%以上。

防治方法

在草莓生长前期，未感染白粉病时，可用下列药剂预防：

80%代森锰锌可湿性粉剂 800~1 000 倍液；

75%百菌清可湿性粉剂 600~800 倍液；

50%灭菌丹可湿性粉剂 400~500 倍液。

选用保护性强的杀菌剂喷雾，具有长期的预防保护效果。

在草莓生长中后期，白粉病发生时，可喷施下列药剂：

30%醚菌酯・啶酰菌胺悬浮剂 1 000~2 000 倍液；

12.5%烯唑醇可湿性粉剂 1 500~2 000 倍液；

10%苯醚甲环唑水分散粒剂 2 000~3 000 倍液；

40%氟硅唑乳油 8 000~9 000 倍液；

12.5%腈菌唑乳油 2 000~4 000 倍液；

50%苯菌灵可湿性粉剂 1 000~1 500 倍液；

60%噻菌灵可湿性粉剂 1 500~2 000 倍液；

50%嘧菌酯水分散粒剂 5 000~7 500 倍液；

20%唑菌胺酯水分散粒剂 1 000~2 000 倍液；

25%三唑酮可湿性粉剂 1 000~1 500 倍液；

40%环唑醇悬浮剂 5 000~6 000 倍液；

25%氟喹唑可湿性粉剂 5 000~6 000 倍液；

30%氟菌唑可湿性粉剂 2 000~3 000 倍液；

6%氯苯嘧啶醇可湿性粉剂 1 000~1 500 倍液；

3%多氧霉素水剂 400~600 倍液；

2%嘧啶核苷类抗生素水剂 200~400 倍液；

4%四氟醚唑水乳剂 1 000~1 500 倍液；

30%烟酰胺·醚菌酯悬浮剂 1 000~2 000 倍液；

10%已唑醇乳油 3 000~4 000 倍液；

30%醚菌酯可湿性粉剂 1 500~2 500 倍液等。

棚室栽培草莓可采用烟雾法，即用硫磺熏烟消毒，定植前几天，将草莓棚密闭，每 100 立方米用硫磺粉 250 克、锯末 500 克掺匀后，分别装入小塑料袋分放在室内，于晚上点燃熏 1 夜，此外，也可用 45%百菌清烟剂，每亩 1 次使用 200~250 克，分放在棚内 4~5 处，用香或卷烟点燃，发烟时闭棚，熏一夜，次晨通风。

四、草莓轮斑病

防治方法

新叶时期使用适量的杀菌剂预防。可用下列药剂：

50%多菌灵可湿性粉剂 500~700 倍液；

80%代森锰锌可湿性粉剂 600~800 倍液；

70%甲基硫菌灵可湿性粉剂 800~1 000 倍液。

在移栽前浸苗 10~20 分钟，晒干后移植。

发病初期，可喷施下列药剂：

50%异菌脲可湿性粉剂 1 000~2 000 倍液+50%敌菌灵可湿性粉剂 400~600 倍液；

70%甲基硫菌灵可湿性粉剂 800~1 000 倍液+65%代森锌可湿性粉剂 500~600 倍液。

五、草莓炭疽病

防治方法

注意喷药预防苗床，应在匍匐茎开始伸长时进行喷药保护，可喷施下列药剂：

40%多菌灵悬浮剂 500~800 倍液+70%代森联水分散粒剂 500~600 倍液；

70%甲基硫菌灵可湿性粉剂 800~1 000 倍液+80%代森锰锌可湿性粉剂 800~1 000 倍液；

30%碱式硫酸铜悬浮剂 700~800 倍液等。

定植前 1 周左右，在苗床再喷药 1 次，再将草莓苗移栽到大田，可减少防治面积和传播速度。

大田见有发病中心时，可选用下列药剂：

60%噻菌灵可湿性粉剂 1 500~2 000 倍液+80%福美双·福美锌可湿性粉剂 800~1 200 倍液；

10%苯醚甲环唑水分散粒剂 1 500~2 000 倍液；

25%咪鲜胺乳油 1 000~1 500 倍液喷雾。

间隔 5~7 天，喷药 3~4 次。注意交替用药，延缓抗药性的产生；喷药液要均匀，药液量要喷足，棚架上最好也要喷到，可提高防病效果。

六、草莓褐斑病

防治方法

田间在发病初期，喷洒下列药剂：

70%甲基硫菌灵可湿性粉剂 800~1 000 倍液+80%代森锰锌可湿性粉剂 700~900 倍液；

50%异菌脲可湿性粉剂 1 000~1 500 倍液；

10%苯醚甲环唑水分散粒剂 1 500~2 000 倍液；

50%福美双·甲基硫菌灵可湿性粉剂 1 000~1 500 倍液；

40%腈菌唑水分散粒剂 6 000~7 000 倍液；

1.5%多抗霉素可湿性粉剂 200~500 倍液。

间隔 10 天左右喷施 1 次，连续防治 2~3 次，以后根据病情喷药，有一定防治效果。

第十一节　板栗

板栗是中国栽培最早的果树之一，栽培分布面积极广，北起吉林、辽宁，南至广东、云南等省（区）。绝大部分栽培在丘陵山谷、缓坡和河滩地。主要产栗大省有河北、山东、辽宁、湖北、河南、安徽等省。

一、板栗干枯病

防治方法

刮除主干和大枝上的病斑，深达木质部，涂抹下列药剂：

10波美度石硫合剂；

21%过氧乙酸水剂400~500倍液；

60%腐植酸钠可湿性粉剂50~75倍液；

5%菌毒清水剂100~200倍液；

80%乙蒜素乳油200~400倍液，并涂波尔多液作为保护剂。

发芽前，喷1次2~3波美度的石硫合剂，在树干和主枝基部涂刷50%福美双可湿性粉剂80~100倍液。

4月中下旬，可用50%福美双可湿性粉剂100~200倍液喷树干。发芽后，再喷1次0.5波美度石硫合剂，保护伤口不被侵染，减少发病概率。

二、板栗溃疡病

防治方法

栗树萌芽前，涂抹下列药剂：

1∶1∶200等量式波尔多液；

3~5波美度石硫合剂；

30%碱式硫酸铜悬浮剂300~400倍液等。

病害发生初期，可喷施下列药剂：

77%氢氧化铜可湿性粉剂 500~800 倍液；

14%络氨铜水剂 300~400 倍液；

60%琥胶肥酸铜·三乙膦酸铝可湿性粉剂 500~600 倍液；

47%春雷霉素·氧氯化铜可湿性粉剂 700~1 000 倍液；

50%氯溴异氰尿酸可溶性粉剂 1 200~1 500 倍液等。

三、板栗炭疽病

防治方法

冬季清园后喷施 1 次 50%多菌灵可湿性粉剂 600~800 倍液。

4—5 月和 8 月上旬，各喷 1 次下列药剂：

0.2~0.3 波美度石硫合剂；

0.5%石灰半量式波尔多液；

65%代森锌可湿性粉剂 800 倍液。

严格掌握采收的各个环节，适时采收，待栗蓬呈黄色，出现十字状开裂时，拾栗果与分次打棚。采收期每 2~3 天打棚 1 次，因不成熟栗果易失水腐烂。打棚后当日拾栗果，以上午 10 时以前拾果较好，重量损失少。

注意贮藏。采后将栗果迅速摊开散热，以产地沙藏较为实际。埋沙时，可先将沙以 50%噻菌灵可湿性粉剂 1 000 倍液湿润，贮温以 5~10℃较宜。

四、板栗枝枯病

防治方法

早春于发芽前用 3~5 波美度石硫合剂或 21%过氧乙酸水剂 400~500 倍液喷雾，铲除越冬病菌。

5—6 月，雨季开始时喷施下列药剂：

50%多菌灵可湿性粉剂 800~1 000 倍液；

36%甲基硫菌灵悬浮剂 600~700 倍液；

50%苯菌灵可湿性粉剂 1 000~1 500 倍液。

间隔 15 天喷 1 次，连续 2~3 次。

第十二节　核桃

核桃分布非常广泛，在西北、华北、东北、中南、西南和华东二十多个省区（市）都有分布，以云南、山西、陕西、河北等省分布最为普遍。

一、核桃炭疽病

防治方法

发芽前喷洒 3~5 波美度石硫合剂，消灭越冬病菌。展叶期和 6—7 月各喷洒 1：0.5：200 倍式波尔多液 1 次。

开花后 3 周开始喷药，可用下列药剂：

50%多菌灵可湿性粉剂 600 倍液+50%福美双可湿性粉剂 500 倍液；

50%多·福·锰锌（多菌灵·福美双·代森锰锌）可湿性粉剂 1 000~1 500 倍液；

70%甲基硫菌灵可湿性粉剂 800~1 000 倍液+75%百菌清可湿性粉剂 60 倍液。

间隔 10~15 天喷 1 次，连喷 2~3 次。

病害发生初期，可喷施下列药剂：

50%多菌灵可湿性粉剂 500~800 倍液；

60%噻菌灵可湿性粉剂 1 500~2 000 倍液；

10%苯醚甲环唑水分散粒剂 2 500~3 000 倍液；

40%氟硅唑乳油 8 000~10 000 倍液；

5%己唑醇悬浮剂 800~1 500 倍液；

40%腈菌唑水分散粒剂 6 000~7 000 倍液；

25%咪鲜胺乳油 800~1 000 倍液；

50%咪鲜胺锰络化合物可湿性粉剂 1 000~1 500 倍液；

6%氯苯嘧啶醇可湿性粉剂 1 000~1 500 倍液；

2%嘧啶核苷类抗生素水剂 200~300 倍液；

3%中生菌素水剂 250~500 倍液等。

二、核桃枝枯病

防治方法

刮除病斑。如发现主干上有病斑，可用利刀刮除病部，并用 1%硫酸铜伤口消毒后，涂刷下列药剂：

50%福美双可湿性粉剂 30~50 倍液；

3~5 波美度石硫合剂；

0.15%梧宁霉素水剂 200~300 倍液；

25%双胍辛胺水剂 250~500 倍液；

20%邻烯丙基苯酚可湿性粉剂 40~60 倍液；

5%菌毒清水剂 50~100 倍液。

生长季节可喷施下列药剂：

70%甲基硫菌灵可湿性粉剂 800~1 000 倍液；

45%代森铵水剂 800~1 000 倍液+50%多菌灵可湿性粉剂 500~800 倍液；

70%代森锰锌可湿性粉剂 800~1 000 倍液+50%异菌脲可湿性粉剂 800~1 000 倍液。

间隔 10~15 天喷 1 次，共喷 2~3 次，以上药剂应交替使用。

三、核桃黑斑病

防治方法

核桃发芽前喷洒 1 次 3~5 波美度石硫合剂；展叶时喷洒 1：0.5：200 半量式波尔多液或 47%氧氯化铜可湿性粉剂 300~500 倍液。

落花后 7~10 天为侵染果实的关键时期，可喷施下列药剂：

1%中生菌素水剂 200~300 倍液；

30%琥胶肥酸铜可湿性粉剂 500~600 倍液；

60%琥胶肥酸铜·三乙膦酸铝可湿性粉剂 500~800 倍液；

72%农用硫酸链霉素可溶性粉剂 3 000~4 000 倍液；

50%氯溴异氰尿酸可溶性粉剂 1 200~2 000 倍液等。

间隔10~15 天喷 1 次，连喷 2~3 次。

四、核桃腐烂病

防治方法

早春发芽前、6—7 月和 9 月，在主干和主枝的中下部喷 2~3 波美度的石硫合剂，50%福美双可湿性粉剂 50~100 倍液，铲除核桃腐烂病。

刮治病斑，在病斑外围 1.5 厘米左右处划一"隔离圈"，深达木质部，然后在圈内相距 0.5~1.0 厘米。划交叉平行线，再涂药保护。常用药剂有 4~6 波美度的石硫合剂、50%福美双可湿性粉剂 50 倍液等，亦可直接在病斑上敷 3~4 厘米厚的稀泥，超出病斑边缘 3~4 厘米，用塑料纸裹紧即可。

五、核桃枯梢病

防治方法

4—5 月及 8 月各喷洒 50%甲基硫菌灵可湿性粉剂 200 倍液、80%乙蒜素乳油 200 倍液，都有较好的防治效果。

刮除病斑治疗。用刀刮去病斑树皮至木质部，或将病斑纵横深划几道口子，然后涂刷 3 波美度石硫合剂、1%硫酸铜液或 50%福美双可湿性粉剂 50~100 倍液等药液进行消毒处理。

第五章　主要农作物田间
杂草识别与防治

农田杂草一般是指农田中非栽培的植物。广义地说，长错了地方的植物都可称之为杂草。从生态经济角度出发，在一定的条件下，凡害大于益的农田植物都可称为杂草，都应属于防除之列。

第一节　农田主要杂草的分类与识别

我国农田杂草约有580种，其中恶性杂草15种，主要杂草31种，区域性杂草23种。根据形态特征将杂草分为禾草类杂草、阔叶类杂草、莎草类杂草三类。

一、禾草类杂草

禾草类杂草主要包括禾本科杂草。其特征为：茎圆或略扁，节和节间区别明显，节间中空，叶鞘开张，常有叶舌。胚具1子叶，叶片狭窄而长，平行脉，叶无柄。如稗草、马唐、牛筋草、千金子、狗尾草、野燕麦、看麦娘、画眉草等。

二、阔叶类杂草

阔叶类杂草包括所有的双子叶植物杂草及部分单子叶植物杂草。茎圆形或四棱形。叶片宽阔，叶有柄，网状叶脉，胚具2子叶。如藜、反枝苋、田旋花、苣荬菜、铁苋菜等。

三、莎草类杂草

莎草类杂草主要包括莎草科杂草。其特征为：茎二棱形或扁二棱形，无节和节间的区别，茎常实心。叶鞘不开张，无叶舌。胚具 1 子叶，叶片狭窄而长，平行脉，叶无柄。如香附子、异形莎草、陌上菜、节节菜等。

由于许多除草剂就是根据杂草的形态特征而获得选择性的，因而应用形态学分类可以较好地指导杂草的化学防治。

此外，按杂草的生活史，可将杂草分为一年生杂草，如马齿苋、铁苋菜等；二年生杂草，如野燕麦、看麦娘等；多年生杂草，如水莎草、小蓟（刺儿菜）等。

第二节　农作物田间杂草防治

一、麦田杂草防治

小麦田杂草有 30 多种。禾本科杂草主要有雀麦、野燕麦、节节麦、看麦娘等，阔叶类杂草主要有播娘蒿、荠菜、猪殃殃、藜、阿拉伯婆婆纳等。

（1）禾本科杂草防治。以看麦娘、日本看麦娘等禾本科杂草为主的小麦田，每亩用 69 克/升精恶唑禾草灵水乳剂（骠马）80~100 毫升，或 15%炔草酯可湿性粉剂（麦极）20~40 克，或 50 克/升唑啉·炔草酯乳油（大能）60~100 毫升，或 50%异丙隆可湿性粉剂 150 克，对水均匀喷雾。

（2）阔叶杂草防治。以猪殃殃、荠菜等阔叶杂草为主的麦田，在冬前或早春每亩用 200 克/升氯氟吡氧乙酸乳油（使它隆）20~25 毫升，或 200 克/升氯氟吡氧乙酸乳油（使它隆）20~25 毫升+20%二甲四氯水剂 150 毫升，或 25%灭草松水剂 100~150 毫升+20%二甲四氯水剂 150 毫升+水喷雾防除。也可以选用36%唑草·苯磺隆可湿性粉剂（奔腾），冬前杂草齐苗后每亩用5~7.5克，早春每亩用7.5~10克，对水均匀喷雾。此外，5.8%双氟·唑嘧胺悬浮剂（麦喜）对猪殃殃、麦家公、大巢菜、泽漆等大多数阔叶杂草茎叶处理效果好。

二、玉米田杂草防治

玉米田杂草主要以禾本科杂草与阔叶杂草混生为主，其常见杂草有30多种，如马唐、狗尾草、牛筋草、稗、画眉草、藜、马齿苋、铁苋菜、小蓟、鸭跖草等。

（1）免耕玉米播前防除已出土杂草。每亩用41%草甘膦水剂150~250毫升对水均匀喷洒杂草茎叶。

（2）播后苗前土壤处理。每亩用33%二甲戊灵乳油133~200毫升，或38%莠去津水悬浮剂200~250毫升对水均匀喷雾。

（3）苗后茎叶处理。玉米苗后3~5叶期，杂草2~4叶期施药。每亩用100克/升硝磺草酮悬浮剂70~100毫升，或30%苯唑草酮悬浮剂（苞卫）5毫升+90%莠去津水分散粒剂70克+专用助剂，对水均匀喷雾。

三、水稻田杂草防治

全国稻田杂草有200多种，其中发生普遍、危害严重、最常见的杂草有40余种，如稗草、千金子、异型莎草、水莎草、陌上菜、节节菜、矮慈姑、鸭舌草、鲤肠等。

（1）水稻秧田杂草防除。在以稗草、千金子等杂草为主的稻田，在秧板平整后，于催至一粒半芽的稻种播后1~2天，每亩用30%丙草胺乳油100毫升，对水均匀喷雾；在稗草、千金子与莎草及其他阔叶杂草混合发生的田块，在秧板平整后用40%苄嘧·丙草胺可湿性粉剂60~80克对水均匀喷雾。

（2）水直播耕翻稻田杂草防除。采用二次化除法。

1）第一次化除。在催芽稻播种后2~3天，每亩用40%苄嘧·丙草胺可湿性粉剂 60 克，对水均匀喷雾。施药时要求秧板较平整，保持湿润。

2）第二次化除。在第一次用药后 15~18 天，每亩选用 53% 苯噻·苄可湿性粉剂 60 克制成 10 千克药肥或药土撒施，药后保水 3~5 天，防止暴雨后产生药害。

对部分重草田可视草情进行补除。补除方法为：①对稗草发生较多的田块，在稗草 2~3.5 叶期，每亩用 10% 氰氟草酯水乳剂 50~60 毫升或 2.5% 五氟磺草胺油悬浮剂 60 毫升。要求排水用药，隔天上水。②对千金子和稗草发生较多的田块，在杂草 2~3 叶期，每亩用 10% 氰氟草酯水乳剂 60~80 克，对水均匀喷雾，药后 1~2 天复水。③对莎草和阔叶杂草较多的田块，可用 10% 吡嘧磺隆可湿性粉剂 15~25 克，结合分蘖肥均匀撒施，并保持浅水层 5~7 天。④对水花生和阔叶杂草较多的田块可用 20% 氯氟吡氧乙酸乳油（使它隆）50 毫升，对水均匀喷雾，排水喷药，隔天上水。⑤在搁田后莎草类杂草和阔叶杂草仍较多的田块，每亩可用 48% 灭草松水剂 100 毫升和 13% 二甲四氯水剂 100 毫升，对水均匀喷雾。施药时田间要排干水，施药后隔天上水。

（3）免耕直播稻田杂草防除。在播种前 3~5 天，用 10% 草甘膦水剂 500~750 毫升，或 41% 草甘膦水剂 150~200 毫升对水均匀喷雾防除前茬杂草，后期的除草，可参照水直播耕翻稻田杂草防除技术。

（4）机插稻田杂草防除。采用二次化除法。

1）第一次化除。耕地排田后或机插后第二天立即用药一次，即每亩用 35% 苄嘧·丙草胺可湿性粉剂 100 克，或 40% 苄嘧·丙草胺可湿性粉剂 90 克，对水均匀喷雾。

2）第二次化除。在机插后 15 天必须用好第二次药。可用 53% 苯噻·苄可湿性粉剂 60 克制成 10 千克药肥或药土撒施，药后保水 3~5 天（注意水不可淹没心叶）。

四、棉田杂草防治

棉田禾本科杂草主要有：牛筋草、马唐、狗尾草、稗草、看麦娘、千金子等。阔叶杂草主要有：马齿苋、反枝苋、藜、铁苋菜、蒲公英、小蓟（刺儿菜）、田旋花等。莎草科杂草主要有香附子等。

（1）播种期化学除草。露地直播棉田，防除一年生单子叶杂草和小粒种子阔叶杂草，播后苗前每亩可用50%乙草胺乳油120~150毫升，注意不要超过200毫升，避免药害；或72%异丙甲草胺乳油100~120毫升，或48%氟乐灵乳油100~150毫升，或33%二甲戊灵乳油130~150毫升，或48%仲丁灵乳油150~200毫升，对水均匀喷雾处理土壤，喷施氟乐灵后要浅混土。防除阔叶类杂草为主的地块，在播后苗前每亩用25%恶草酮乳油100~125毫升，对水均匀喷雾处理土壤。地膜棉田用量可比露地直播棉酌减。土壤湿润是保证药效发挥的关键。

（2）苗期茎叶喷雾处理。杂草3~5叶期，每亩用10.8%高效氟吡甲禾灵乳油25~30毫升，或15%精吡氟禾草灵乳油35~50毫升，对水均匀喷雾处理。

五、花生田杂草防治

花生田杂草有60多种，分属约24科。其中发生量较大、危害较重的杂草主要有马唐、狗尾草、稗草、牛筋草、狗牙根、画眉草、白茅、龙爪茅、虎尾草、青葙、反枝苋、凹头苋、灰绿藜、马齿苋、蒺藜、苍耳、小蓟（刺儿菜）、香附子、碎米莎草、龙葵、问荆和苘麻等。

（1）播后苗前土壤处理。覆膜栽培的花生田全是采用土壤处理剂。当花生播后，接着喷除草剂，然后立即覆膜。没有覆膜栽培的花生田，花生播种后，尚未出土，杂草萌动前处理即可。每亩用96%精异丙甲草胺乳油50~60毫升对水均匀喷雾，可防除花生、芝麻、棉花、大豆等作物的多种一年生杂草，如狗尾草、马唐、稗草、牛筋草等。

（2）苗后茎叶喷雾处理。施药时期：禾本科杂草在 2~4 叶期，阔叶杂草在株高 5~10 厘米为宜。以禾本科杂草为主的花生田，每亩用 108 克/升高效氟吡甲禾灵乳油 25~35 毫升对水均匀喷雾处理杂草茎叶；以阔叶杂草为主的花生田，每亩用 15% 精吡氟禾草灵乳油 50~67 毫升，或 75% 氟磺胺草醚水分散粒剂 20~26 克对水均匀喷雾处理杂草茎叶；禾本科杂草与阔叶杂草混发的花生田，可以选择上述两类除草剂混用。

第三节　农业鼠害及其防治

害鼠种类多、数量大、繁殖快、分布广，对农业危害极大，几乎所有农作物都受到害鼠的危害。

一、鼠类概述

鼠类通常是指哺乳纲、啮齿目的动物。鼠类在哺乳动物中种类和数量最多，在全世界已知的 4 200 多种哺乳动物中，鼠类就有 1 700 余种，约占总数的 40%。我国已知哺乳动物约 460 种，其中鼠类 150 多种，约占 33%。

鼠类中大多数种类体形较小，全身被毛，体躯分为头、颈、躯干、四肢和尾五部分。其典型特征是：上、下颌各有一对非常强大的门齿，无齿根，能终生不断地生长，常借咬噬杂物而磨损牙齿；缺犬齿；性成熟早，生殖力强；分布几乎遍及全球，在各种生境中都有它们的踪迹。

二、主要农作物鼠害及其为害特点

（一）小麦鼠害

为害小麦的害鼠主要有大仓鼠、黑线姬鼠、褐家鼠、小家鼠和东方田鼠等。在小麦的播种至幼苗期，害鼠扒食种子或取食刚出土的幼苗，造成苗死、苗伤或缺苗；在孕穗至乳熟期，害鼠常咬断麦秆，取食嫩穗，造成断茎或枯穗；地下活动的田鼠常咬断根系，把茎秆、麦穗拖入洞内，并且穿穴打洞造成植株根系悬空，引起植株发黄甚至枯死；在成熟期，害鼠咬食麦穗或践踏落地的麦穗，危害极大。

（二）玉米鼠害

为害玉米的害鼠主要有黑线姬鼠、大仓鼠、黑线仓鼠、小家鼠和褐家鼠等。在玉米的播种期，害鼠主要盗食播下的种子，造成缺种，受害重者需补种或重播；至幼苗期，害鼠在幼苗基部扒洞，盗食种子使幼苗缺少营养和水分而枯死，造成缺苗断垄；灌浆期，喜食果穗的害鼠，撕开苞叶，啃食籽粒，将果穗的上半部啃掉，有时会将整个果穗全部啃光，地面上常留有苞叶碎片和籽粒的皮壳；成熟期，害鼠可取食成熟籽粒，特别是倒伏的玉米，受害更重。

（三）水稻鼠害

为害水稻的害鼠主要有黑线姬鼠、褐家鼠、小家鼠、黄毛鼠和黄胸鼠、板齿鼠等。在水稻苗期，以三叶期前的秧苗受害较重，常造成缺苗，严重时全田秧苗被吃掉；三叶期后到分蘖阶段，害鼠咬断主茎和分蘖，形成枯苗；孕穗期，害鼠主要咬啮稻茎基部，影响灌浆结实，重者形成枯孕穗，或将孕穗咬断，造成缺穗；抽穗至成熟期，害鼠常将稻株压倒，咬断茎穗，或将稻穗堆在地上，取食米粒，田间留下一堆堆枝梗、谷壳、粪便及散落的稻谷。

（四）棉花鼠害

棉田的害鼠主要有黑线姬鼠、褐家鼠、黑线仓鼠和长尾仓鼠等，低酚棉田鼠害尤为严重。棉花自播种至出苗期，害鼠常顺播种行将棉种刨出，嗑破棉籽，取食籽仁，使棉种失去生活力，造成缺苗断垄；棉花苗期，害鼠于早春常咬破地膜，钻入苗床筑巢为害，抛土形成的小土丘压盖棉苗或穿穴打洞使棉苗根部松动，引起失水死亡；棉花铃期，害鼠主要为害 20 天以上的棉铃（一般不为害幼龄和将吐絮的老铃），夜间爬到棉株中下部的果枝，将棉铃一个个咬落，然后下地取食，啃破铃壳，拉出棉瓣，撕去棉絮，嗑开棉籽壳，取食棉仁；棉花吐絮期，害鼠将一瓢瓢籽棉拖至地面、沟边或洞旁，集中堆放，取食棉籽，有时还利用棉絮做窝。

三、鼠害的防治

（一）生态防治

生态防治主要通过破坏鼠类的生活环境，使其生长繁殖受到抑制，增加其死亡率，从而控制害鼠种群数量。具体措施有以下几种。

1. 翻耕土地、清除杂草

清除杂草、减少荒地，使害鼠难以隐蔽和栖居。翻耕、灌溉和平整土地，如在华北北部的旱作区，秋季耕翻农田即可破坏田间洞穴，迫使长爪沙鼠迁居到田埂、荒地等不良的栖息地，从而引起大量死亡；秋耕、秋灌及冬闲整地，对黑线仓鼠的越冬也有很大破坏作用。

2. 兴修水利、整治农田周边环境

很多害鼠栖息于田埂、沟渠边、河塘边、土堆或草堆等地，如黑线姬鼠、褐家鼠等。结合冬季兴修水利、冬季积肥、田埂整修、开垦荒地等农田基本建设活动，就可以破坏害鼠的栖境。

3. 搭配种植、合理布局农作物

品种搭配和合理布局农作物，也可以起到降低鼠害的作用。如实行不同作物交错种植，形成复杂的生态环境，可引起鼠类种间竞争激烈，促使天敌数量增加，从而能起到抑制鼠害的作用。实践证明，多种作物交错种植比单一种植鼠害轻，此外，水旱轮作较旱旱轮作的鼠害发生也轻。

4. 及时收获、颗粒归仓

食物是害鼠赖以生存和繁衍的重要条件，减少或切断食物来源，能抑制鼠类生长发育、繁殖及存活，从而达到控制鼠害的目的。例如，在作物收获季节，特别是秋收时，做到及时收获、快打快运、颗粒归仓，就可切断害鼠的食物来源，减少害鼠取食和贮粮越冬的机会。如在秋后能及时耕翻、清洁田园，就会取得更好的效果。

（二）生物防治

对害鼠的生物防治，主要是利用天敌动物、病原微生物和外激素等杀灭或抑制鼠类种群数量的上升。鼠类的天敌主要有猫头鹰、鹰隼类等鸟类和黄鼬、豹猫、狐、獾等哺乳动物及蛇类等，应积极保护这些天敌。微生物灭鼠是指利用鼠类的致病微生物进行灭鼠，致病微生物有鼠伤寒菌、沙门氏菌等；但考虑对人畜的选择性问题，利用病原微生物灭鼠应持谨慎态度。外激素防治主要是利用其驱避作用、引诱作用、不孕作用等，直接控制和减少害鼠数量；或利用报警信息干扰某些鼠类种群的正常活动。

（三）物理防治

物理防治主要是使用捕鼠器械捕杀鼠类。捕鼠器械多数是利用杠杆及平衡原理设计制作而成的；此外，也有利用电学原理制成的。在野外常用的捕鼠器有捕鼠夹、捕鼠笼、捕鼠箭、电子捕鼠器、超声波灭鼠器等，但各自造价和使用范围有所不同。

（四）化学防治

针对当地主要害鼠种类、分布和数量动态以及作物的受害程度和面积，根据耕作制度、气候条件和自然资源等因素制定出鼠害防治方案。在害鼠的繁殖前期或开始繁殖期进行大面积连片防治和大面积连片灭鼠，最好以市、县为单位统一部署，以乡镇为单位统一投药时间，同时做到农田灭鼠与农家或城镇居民灭鼠同步进行。同时，要注意人畜安全、防止二次中毒，严禁使用国家明文禁用的杀鼠剂品种。

1. 毒饵灭鼠

毒饵由诱饵、添加剂和杀鼠剂三部分组成。诱饵引诱鼠类前来取食毒饵；好的诱饵应具有适口性好、害鼠喜食而非目标动物不取食，不影响灭鼠效果，来源广、价格低，便于加工、贮运和使用等特点。添加剂主要用于改善诱饵的理化性质，增加毒饵的警示作用，以提高人畜的安全性。缺点是有很多副作用、不够安全。

2. 熏蒸灭鼠

在密闭的环境中，使用熏蒸药剂释放毒气，使害鼠呼吸中毒而死。该方法的优点是具有强制性，不受鼠类取食行为的影响，灭效高，作用快，使用安全，无二次中毒现象，仓库内使用可鼠虫兼治。缺点是用药量大，需密闭环境。

3. 化学驱鼠

化学驱鼠是用驱鼠剂涂抹保护对象，当害鼠的唇、舌接触到药剂后感到不适，不愿再次取食的防鼠方法。化学驱鼠并非灭鼠，只是一种预防性措施。

4. 化学绝育

化学绝育是使害鼠取食绝育剂，导致其终生不育，从而达到控制害鼠种群的目的。

5. 化学杀鼠

化学杀鼠剂根据害鼠摄食后中毒死亡的速度可分为急性杀鼠剂（如敌溴灵等）和慢性杀鼠剂（主要指抗凝血杀鼠剂），二者适用范围和施用方式有所差异。

第六章 植保无人机概况

第一节 植保无人机在农业植保方面的优势

一、作业效率高

植保无人机每分钟可以完成 1~2 亩的农药喷洒作业，是人工的 30~60 倍。

二、作业安全性高

植保飞防实现了人和药的分离，通过地面遥控或 GPS 飞控操作，喷洒作业人员远距离操作，避免暴露于农药下的危险。

三、节水省药环保

人工作业一般亩用药液 30 升以上，植保飞防亩用药液 1 升左右；植保飞防作业由于使用了专业飞防助剂，可以减少 30% 左右的农药使用量；人工速度慢，虫害传染快，打到后面前面的虫害又发起了，往往要打几次，而无人机植保作业速度快，一次作业短时间内即可达到目的，杀虫速度快，对大气、土壤和农作物危害少，且利用北斗导航技术可精准作业、施药均匀等，节药环保明显。

四、人工不可替代

对近成熟期、高秆、藤类等作物及复杂地形和水田地等，人工及拖拉机拖带喷雾机无法作业，植保无人机的高空作业优势突显。

五、防治效果好

由于植保无人机采用超低量喷雾喷洒方式，在植保飞防作业中使用了专用飞防助剂，飞防作业高度低、飘移少，喷洒农药时旋翼产生的向下气流有助于增加物流对农作物的穿透性。

六、可以夜间作业

植保药物通过液体附着在植物表面，白天温度高太阳直射液体易蒸发，其作业效果远不如夜间低温作业，人工夜间作业困难，而植保无人机飞防不受限制。

七、可以实现精准作业

植保无人机利用北斗卫星及其他模式有自主导航和智能导航功能，有强大的后台网络管理系统支持，可对植保无人机的作业管控、智能飞行精准作业等一目了然。

八、可以实现群防群控

对于区域爆发性病虫害，采取预警级别响应，植保无人机飞防可采用群防群控集中防治，迅速消灭区域性病虫害。

第二节　植保无人机的系统组成

植保无人机组由飞行器、飞控系统、喷雾系统和地面操作人员等组成，与农药及施药技术共同形成一个完整的农药高效应用系统。

一、飞行器

飞行器按旋翼分，可分为单旋翼（单轴，即单轴直升机）与多旋翼（多轴）两种，目前我国多旋翼植保无人机已形成系列，包括4旋翼、6旋翼、8旋翼、18旋翼至24旋翼多种类型。

飞行器按动力分，分为油动与电动两种。我国植保无人机市场上以油动单旋翼直升机为主，油动单旋翼植保无人机市场占有率高达95%以上，近几年来，植保无人机市场上的机型发生了根本性的变化，各类电动多旋翼植保无人机市场占有率高达98%以上。

二、飞控系统

无人机飞行控制通常采用分层控制，包括姿态控制、航向控制、速度控制和位置控制。为了高效地完成植保任务，植保无人机的控制模式分为自动起飞、自动降落、自动返航、半自主作业和全自主作业等模式。遥控系统分为地面遥控器和机载接收机。

三、喷雾系统

植保无人机的喷雾系统主要由药箱、雾化装置、液泵及其附件（稳压调压装置）等部分组成。农药药液在液泵的压力作用下从药箱通过管路到达喷头，在喷头处经液力式喷头或离心式喷头雾化后喷洒到靶标作物上。当前，我国植保无人机上喷雾系统的泵、雾化喷头等部件大都采用传统的地面机具喷雾装备，由于缺乏地面喷雾机械必配的稳压调压装置，无法实现稳压调压。而且，为了确保无人机飞行安全、降低能耗以及提升效率等，无人机生产厂商都希望把飞机上除药箱以外的其他部件载荷设计得越轻越好。在这种情况下，作为植保机械喷雾系统中的一些必需部件，诸如稳压与调压装置、回流与搅拌装置等在植保无人机上均被省去，因此这种喷雾系统很容易出现工作性能不稳定、因喷雾压力不稳定喷出的农药量时多时少、关键部件寿命缩短、喷洒出的雾滴不断变化——雾滴谱极宽、沉积分布不均匀等严重影响施药质量与防效的问题，导致无人机作业效率下降、成本上升、防治效果不佳以及对非靶标区域产生药害等不良后果。

　　综上所述，考虑到植保无人机这一新兴行业的快速发展，深入研究植保无人机低空低量施药技术的迫切性不容忽视，更好地认知新兴的无人机施药技术有助于优化无人机设计、推广与应用，促进农药的高效、安全使用，为中国农用植保无人机市场的健康、有序发展做出贡献。

第七章　选配植保飞防药剂

第一节　选择合适的飞防药剂

飞防药剂的选择至关重要，一般要从如下方面考虑：

一、安全高效

由于植保飞防使用的药液浓度大，因此要求药剂不仅高效和对作物安全，而且还需要充分考虑其毒性以及环境安全性，充分评估其施药安全性和风险。要求农药成分具有活性高、广谱、低毒、低残留、亩用量少、具有内吸传导性、不易产生药害、对作物安全等。

在药剂组合选择上，应根据有效成分本身特性，结合作物病虫害发生规律，重点关注有效成分的持效期，混用后不应对农作物产生不良影响，避免药害产生的同时，避免有效成分间的负交互抗性。

二、剂型合理

由于飞防用药液浓度高，因此需要选择能够稀释且不容易堵塞喷头的制剂，并且在一定时间内不发生分层、析出和沉淀。对于含有有机溶剂的制剂，则要求有机溶剂低毒和密度较大。另外，对于2种及以上不同制剂混合时，相容性要好，事先做好配伍性试验并在使用前进行2次稀释。

三、抗挥发和抗飘失

由于植保无人机喷洒有一定高度，在风的作用下粒径 80～400 微米的雾滴容易飘失，不仅造成防效低而且会造成药害和污染，所以要求飞防药剂具有抗挥发和抗飘失的性能，如果药剂抗飘失性能差，可以加入专用的飞防助剂或设置不施药缓冲区。

四、沉积性能好

要求雾滴在植物表面是点状分布，而且在植物表面黏附性能好，从而提高农药利用率。

此外，必须强调，固态制剂、低含量制剂、有机磷制剂等不适合用于飞防药剂。

第二节 选择合适的飞防助剂

飞防助剂的功能有降低药液的表面张力，减少细小雾滴的产生，增加雾滴在靶标上的黏附与沉积，提高润湿和展布性能，溶解或渗透昆虫或植物叶片表面蜡质层，促进药剂的吸收和传导，提高药液的速效性，提高农药的生物活性或应用效果，增加药效等。

按照不同的分类方式可将助剂分为不同的类型，比如按功能分，可将助剂分为展着剂、抗飘移剂、抗蒸腾剂、黏附剂、渗透剂、增效剂等。

展着剂主要是通过提高喷洒药液在植物茎叶和害虫、病原菌体表湿润和展布能力，从而充分发挥药效的助剂。比如使用无人机在水稻上喷药时，因为水稻的叶片为疏水性表面，一般的药液在叶片上表现出不浸润，会导致药液吸收受到影响，最终影响药效，加入展着剂之后就可以提高药液在叶片上展布，从而提高药效。

抗飘移剂就是通过减少小雾滴的产生以及增加雾滴的沉降来减少雾滴飘移。抗蒸腾剂顾名思义，就是减少雾滴在运动过程中的蒸发，使更多的雾滴到达作物靶标上，这两种助剂在飞防施药中可能需要的更多一些。

黏附剂就是增加农药在植物叶片或者害虫体表等固体表面黏附性能的助剂。渗透剂是能够促进药液的有效成分渗透或通过植物叶片或害虫体表进入到内部的助剂种类。

增效剂本身是没有生物活性的，但可以抑制生物体内的解毒酶，以提高农药的生物活性等来提高农药的药效。

在飞防助剂的选择上，建议选择具有多种功能的复合型助剂，不要将单一的有机硅用于飞防助剂。反复测试和大面积示范试验表明：植物油、酸性植物油、矿物油、植物源提取物等，都是很好的飞防助剂，如迈飞、安融乐、倍达通等。

第三节　正确选购农药

由于农药品种繁多，每种农药都有自己适宜的防治对象。因此，购买农药前，应仔细阅读农药的标签，准确了解每种农药的性能和最佳防治对象，选择合适的农药。

一、看农药标签上的名称

从 2008 年 7 月 1 日起生产的农药已不再使用商品名称，而只用农药通用名称或简化通用名称，购买前要特别注意看农药名称下面标注的有效成分、含量及剂型是否清晰，不可购买未标注名称、有效成分及含量的农药。

二、看农药标签上的适用范围

要根据需要防治的农作物的病、草等，选择和标签上标注的适用作物一致的农药。如果同时有几种农药可供选用时，就要优先选择用量少、毒性低、残留少、安全性好的农药。对于蔬菜、果树等严禁用高毒、高残留农药。

三、看农药标签上的生产日期及有效期

农药标签上一般都标注有生产日期及批号，不可购买未标注生产日期的农药。同时农药标签上还应标有效期，不可购买不在有效期、保质期内的农药。

四、看农药标签的外观及内容

合格产品的标签或说明书一般印刷较清晰、内容齐全，包括农药名称、适用范围、有效成分及含量、剂型、农药登记证号、农药生产许可证号、企业名称及联系方式、生产日期、产品批号、质量、产品用途、使用说明、毒性标识、注意事项、储存和运输方法等。

第四节 植保飞防药剂的使用

一、双草醚的使用

双草醚是水稻苗后茎叶除草剂，属嘧啶水杨酸类除草剂，为高活性的乙酰乳酸合成酶（ALS）抑制剂，施药后能被杂草的茎叶吸收，并传导至整个植株，抑制植物分生组织生长，使其停止生长进而出现黄化、枯萎、死亡或严重抑制生长现象。经大量实验和应用，可以用于水稻飞防。但双草醚对水稻的安全性较低，要严格注意以下应用要点，慎重使用。

飞防用量：水稻标准3叶1心期，飞防使用双草醚下限用量是2克/亩，上限用量8克/亩。在水稻3叶1心期后有效成分4~4.8克/亩对水稻安全，水稻4叶1心后有效成分用量4.8~6克/亩对水稻也无明显影响。飞防作业时，掌握在水稻3叶1心

期后，以有效成分用量4克/亩为宜。个别品种水稻会出现轻微或严重的褪绿、发白现象，但通常会在7~10天恢复，对最终产量无影响。因天气、墒情、草相、苗情、品种以及当地抗性水平等因素影响，不同区域会有所差异，仅供参考。必须根据当地情况，先小范围试验后，方可大规模作业。

配药技术：飞防使用双草醚时可混用碧护1克/亩或含氨基酸的叶面肥从而降低药害风险，切不可与任何大、中、微量元素水溶肥混用。选择剂型以粒径小于4微米的高含量悬浮剂为宜，每亩喷洒药液量不低于800毫升。同时，如果是水悬浮剂注意混配适宜的飞防专用助剂，可分散油悬浮剂切不可再混用油基飞防助剂，双草醚对千金子无效，因此通常与氰氟草酯复配，防除稗草、双穗雀稗和千金子，但需要注意的是双草醚与氰氟草酯混配使用有拮抗作用，特别是飞防喷洒时拮抗表现更为明显，当温度超过30℃：会严重影响氰氟草酯药效。因此，南方中、晚稻要特别注意双草醚与氰氟草酯混用后，对千金子防效降低的影响。

飞行参数：使用双草醚飞防要根据杂草密度进行调整参数。双草醚对其他作物影响较大，周围有其他作物（蔬菜、荷叶、菱角）时要预留200米以上安全距离，飞行速度以3~5米/秒为宜，飞行高度根据机型情况尽可能降低，避免飘移对周围作物产生药害，风力超过3级必须停止作业。

使用时期：直播田要掌握在水稻3叶1心期之后使用，否则对水稻会有不良影响。抛秧和人工插秧在移栽后5~7天，机插秧需在插后10天左右，秧苗活棵返青后施药。水稻孕穗期禁止使用双草醚。

天气条件：双草醚使用时要求温度不低于15℃，特别是早稻要注意昼夜温差的变化以及施药后5~7天的天气情况。双草醚适宜施用的温度范围为15~35℃。在适宜温度区间内，温度越高效果表现越好，安全性也越好。在温度低于15℃的情况下，双草醚的防效表现不稳定，同时水稻生理代谢水平的降低，增加了药害的发生概率。当在连续出现35℃以上高温的情况下施药时，也易出现药害。南方地区，尤其是在长江中下游稻区，早稻用药时期气温变化较大，使用双草醚时要谨慎注意气温变化。

禁止重喷：使用双草醚在任何情况下都应当避免重喷，重喷的严重后果是死苗，并且无法挽救。飞防悬停时必须关闭喷洒系统，减速时必须降低喷洒量，手动操作时注意移行要准确。

排水保水：双草醚使用前排水要彻底，使用后回水要及时（药后48小时内回水，深度3~5厘米，以不淹没水稻心叶为准），保水要到位（时间为5~7天，如果水稻还未到分蘖期可以适当延长保水时间，以达到以水控草之目的）。

其他事项：使用双草醚前3~5天不要使用磷酸二氢钾、碳酸氢铵、尿素等肥料，使用后5~7天也不要施用肥料。

二、五氟磺草胺飞防要点

五氟磺草胺为选择性传导型除草剂，通过杂草的叶片、茎和根吸收，用于水稻秧田、直播田移栽田，可防治稗草等禾本科杂草、莎草科杂草及阔叶杂草，但对千金子无效。

飞防用量：水稻标准3叶1心期，2.5%五氟磺草胺油悬浮剂的下限浓度为40毫升/亩，上限浓度为100毫升/亩。因天气、墒情、草相、苗情、品种以及当地抗性水平等因素影响，不同区域会有所差异，仅供参考。必须根据当地情况，先小范围试验后，方可大规模作业。

配药技术：五氟磺草胺与吡嘧磺隆混配，可能导致药害，不能使用。五氟磺草胺通常为可分散油悬浮剂切不可再混用油基飞防助剂。

使用时期：五氟磺草胺对水稻相对安全，秧苗1.5叶之后即可飞防。通常施药量按稗草密度和叶龄来确定，1.5~2叶期稗草用 2.5%五氟磺草胺油悬浮剂 40~50 毫升，2.5~3 叶期稗草用 2.5%五氟磺草胺油悬浮剂 60~80 毫升，稗草叶龄超过 4 叶期应适当增加药量，稗草密度大时，也可使用上限用量。

天气条件：五氟磺草胺受温度影响不大，但当温度大于 30℃、空气相对湿度小于 65%时，不利于杂草吸收，此外，高温会导致药液挥发或蒸发影响防效，故高温条件不宜使用。

飞行参数：使用五氟磺草胺飞防要根据杂草密度进行调整参数。五氟磺草胺对其他作物影响较大，周围有其他作物（蔬菜、荷叶、菱角）时要预留 200 米以上安全距离，飞行速度以 3~5 米/秒为宜，飞行高度根据机型情况尽可能降低，避免飘移对周围作物产生药害，风力超过 3 级必须停止作业。

禁止重喷：尽管五氟磺草胺对水稻非常安全，但飞防时五氟磺草胺不能重喷，重喷的严重后果可能是死苗（秧苗呈烫伤状），且无法挽救。飞防悬停时必须关闭喷洒系统，减速时必须降低喷洒量，手动操作时注意移行要准确。

排水保水：五氟磺草胺使用前排水要彻底，使用后回水要及时（药后 48 小时内回水，深度 3~5 厘米，以不淹没水稻心叶为准），保水要到位（时间为 5~7 天，如果水稻还未到分蘖期可以适当延长保水时间，以达到以水控草之目的）。

三、五氟磺草胺混用双草醚飞防的科学依据

五氟磺草胺施药后主要靠杂草的根吸收，而双草醚施药后 20%被根吸收，80%被茎和叶吸收。两者混配使用能使杂草双通道（根、茎）受药，能显著提高除草效果。此外，双草醚除对稗草效果显著外还对双穗雀穗（红拌根）以及部分阔叶草有良好效果，能弥补五氟磺草胺杀草谱窄的缺陷。五氟磺草胺优良的根吸收作用，能有效互补双草醚叶面喷雾打不到刚萌发小草的不足。

两者混配使用还能有效降低双草醚的田间使用量，提高稻

田除草的安全性以及延缓两者的抗性产生。需要注意的是两者混配使用，必须要考虑双草醚的安全性及注意事项。

四、禾草敌飞防要点

禾草敌属于硫代氨基甲酸酯类内吸型低毒除草剂，能在水中均匀分散，由于相对密度大于水，能在水与泥的界面形成高浓度药层，杂草通过药层时，其主根迅速吸收药物而中毒。禾草敌能被杂草的根和芽吸收，特别易被芽鞘吸收，在生长点积累，最终导致杂草生长点扭曲而死亡。对稗草有特效，能防除稗草、稻稗、长芒野稗、旱稗、无芒稗、光头稗、西来稗、牛毛毡等。

飞防要点：①播（栽）前混土法：适用于较大面积的水稻秧田、直播田以及移栽田。水稻秧田或直播田，先将土壤耕翻整平耙细，畦面要平整，无大的垡块，最大垡块直径不超过3厘米。每100平方米用90.9%禾草敌乳油25~30毫升对水3~5升喷洒于畦面上，然后用圆盘耙将药液混入土中，深5~7厘米，灌水建立浅水层，播下已催芽露白的稻种，保水5~7天，稗草在出土前即被杀死在土层中，除草比较彻底。移栽田，先灌水泡田，将田土整平耙细，在最后一次耙土前亩用90.9%禾草敌乳油200~250毫升拌土（沙）4~6千克均匀撒施后，立即耙地将药剂混入泥土中，然后移栽水稻，栽后保水5~7天。②混土落谷法：北方稻区落谷后需灌水保温可采用此法。先灌水泡田，将已耕翻的田土耙平整细，在最后一次耙土前每100平方米用90.9%禾草敌乳油30~35毫升拌土（沙）1~1.5千克均匀撒施后，立即耙地将药剂混入泥土中，作畦并播种已催芽露白的稻种，播后不可覆土，必要时可浅塌谷，保持浅水层5~7天。③保水毒土法：适合直播田和移栽田，但需要注意的是禾草敌的毒土（沙）与其他除草剂有所不同，毒土（沙）应以干燥的细土（沙）为好，干燥的细土（沙）能更好地吸附药剂，挥发少。禾草敌施入水田后分散性能好，土（沙）量每亩可减至4~6千克。拌毒土（沙）时禾草敌不必加水稀释，可直接滴入土中搅拌。直播田在秧苗2叶1心期，田间保持浅水3厘米左右撒毒土（沙），保水5~7天，缺水补水，施药后不能排水。移栽田应注意的是施药时以稗草不超过3叶为标准，由于各地气候不同，华南稻区、双季早稻为栽后4~7天，双季晚稻为栽后3~4天。在华北、华东等单季稻区约在栽后7天。最佳时期是稗草3叶1心期，期施药，这时既可把已出土的稗草除掉，也可以防除后出土的稗草，还可以封闭或抑制部分正在萌动的莎草和阔叶草，可以延长禾草敌的药效期。④进水口滴入法：适合土壤平整的移栽田。在灌溉水入口处安置滴管，将未经稀释的禾草敌直接滴入水中，由灌溉水带入田内。由于禾草敌有很好的扩散性能，同时乳化性能优良，滴入灌溉水中的药液能在田中均匀分布，达到灭草的效果。⑤苗后喷雾法：移栽田施药以毒土（肥）法较好，喷雾易挥发散失。水育秧和水直播田必须在水稻2叶后进行，否则会产生药害，使芽鞘变粗，逐渐枯死。⑥90.9%禾草敌乳油每亩用量低于130毫升时，对超过3叶的稗草不能彻底杀死，但能抑制稗草的生长，使稗草不能抽穗结实。⑦秧苗质量差，施药后遇低温、施药不均、施药后水层淹没心叶都会产生药害，要特别注意。施药后12小时内遇雨会影响药效，但不能再次补施。⑧禾草敌不能与有机磷类杀虫、杀菌剂混用，否则会产生药害。

飞防用量：水稻标准3叶1心期，90.9%禾草敌乳油的下限浓度为130克/亩，上限浓度为220克/亩。因天气、墒情、草相、苗情、品种以及当地抗性水平等因素影响，不同区域会有所差异，仅供参考。必须根据当地情况，先小范围试验后，方可大规模作业。

五、精噁唑禾草灵飞防要点

精噁唑禾草灵属杂环氧基苯氧基丙酸类除草剂，药剂通过

茎叶吸收传导至分生组织及根的生长点，作用迅速，施药后 2~
3 天停止生长，5~6 天心叶失绿变紫色，分生组织变褐色，叶片
逐渐枯死，是选择性极强的茎叶处理剂。可防除水稻千金子、
稗草等。

飞防要点：①精噁唑禾草灵活性高，亩用量极小。因此，
要特别注意精准施药。配药时，严格控制好亩用量；喷洒时，
必须严格掌握单位面积的喷洒量。②不能使用变量施药的植保
无人机，起飞或移行时极易出现药害，手动模式慎重或禁止喷
洒。③在适宜温度区间内温度越高精噁唑禾草灵效果越好，气
温低于 20℃使用，有可能导致药害产生。④在任何情况下精噁
唑禾草灵都应当避免重喷，重喷的严重后果是死苗，且无法挽
救。飞防悬停时必须关闭喷洒系统，减速时必须降低喷洒量，
手动操作时注意移行要准确。⑤精噁唑禾草灵对某些水稻品种，
可能导致严重黄化或白化，7~10 天后可以恢复，对最终产量无
影响。⑥精噁唑禾草灵喷洒后 2 天内不能遇雨，否则有可能导致
药害。⑦精噁唑禾草灵对于不同水稻品种，在不同温度下，药
害表现差异较大，必须先小范围试验后，方可大规模作业。
⑧目前精噁唑禾草灵单剂没有登记在水稻施药表中，必须使用
登记水稻的复配药剂，如 10%氰氟·精噁唑乳油。⑨精噁唑禾
草灵微乳剂、水乳剂与其他剂型混配兼容性差，混配时要特别
注意。

飞防用量：水稻标准 3 叶 1 心期，10%氰氟·精噁唑乳油的
下限浓度为 10 毫升/亩，上限浓度为 20 毫升/亩。因天气、墒
情、草相、苗情、品种以及当地抗性水平等因素影响，不同区
域会有所差异，仅供参考。必须根据当地情况，先小范围试验
后，方可大规模作业。

六、苄嘧磺隆飞防要点

苄嘧磺隆是选择性传导型除草剂，在水中迅速扩散后被杂

草根部吸收。可用于移栽和直播田，主要防除对象为一年生杂草和多年生阔叶杂草，如牛毛毡、陌上草、矮慈姑、鸭舌草、雨久花、泽泻、丁香蓼等，对禾本科杂草和莎草科防效差。

飞防要点：①无论喷雾或撒施，施药时稻田保持水层，保水 5~7 天，以后正常管理。②仅对萌芽期至 2 叶期以内杂草效果好，因此施药要掌握早期应用。③杂草出土以后施药，田间水层较深时除草效果好，漏水田要缓灌补水，以保持一定水层，确保药效。④水稻移栽后 7~10 天水稻返青后施药最佳。⑤苄嘧磺隆一般不单独使用，通常跟防治禾本科杂草药剂混用。田间应用表明，其与氰氟草酯、五氟磺草胺等药剂混用会影响氰氟草酯、五氟磺草胺药效。⑥由于其具有在水中迅速扩散后被杂草根部吸收的特点，直播田建议拌追肥单独使用，效果比喷雾突出。10%苄嘧磺隆可湿性粉剂田间应用最高可用 100 克/亩拌追肥撒施，不会对禾苗产生不良影响，且能有效预防飘移以免对周围作物产生药害。

飞防用量：水稻标准 3 叶 1 心期，30%苄嘧磺隆干悬浮剂的下限浓度为 7 克/亩，上限浓度为 30 克/亩。因天气、墒情、草相、苗情、品种以及当地抗性水平等因素影响，不同区域会有所差异，仅供参考必须根据当地情况，先小范围试验后，方可大规模作业。

七、丁草胺飞防要点

丁草胺为选择性芽前除草剂，主要作用于杂草幼芽和幼根，用于移栽稻田可防稗草、千金子、异型莎草、碎米莎草、陌上草、水苋草、牛毛毡、节节草等一年生杂草，对多年生杂草无效。丁草胺加入安全剂后，对水稻幼苗的安全性提高，可用于水稻秧田、水直播田和移栽田。

飞防要点：①丁草胺应慎重用于飞防喷洒，丁草胺加入安全剂后可在播种前喷洒进行苗前封闭。②移栽田：在水稻移栽

7~10天水稻返青后，每亩用60%丁草胺100毫升拌细润土20~30千克（或拌追肥）均匀撒施，施药时田间水层3~4厘米，药后保水5~7天，自然落干后水层正常管理。③直播田：在大田平整后播种前2~3天，灌上水，每亩用60%丁草胺100毫升拌细润土20~30千克（或拌追肥）均匀撒施，待落干后播种。④秧田、直播田使用时，田面必须尽量平整，避免积水，不能露籽，不能随播随用，不然易引起药害。⑤丁草胺对3叶期以上的稗草效果差，应掌握适期使用。⑥气温低于15℃时会有药害发生，不宜使用。⑦杂草出土以后、田间水层较深时除草效果好。漏水田可缓灌补水，以保有一定水层，确保药效。⑧丁草胺对鱼类毒性较大，应防止污染鱼塘、河流。

　　飞防用量：丁草胺应慎重用于飞防喷洒，只可用于播种前喷洒。水稻3叶1期，60%丁草胺的下限浓度为50毫升/亩，上限浓度为70毫升/亩。因天气、墒情、草相、苗情、品种以及当地抗性水平等因素影响不同区域会有所差异，仅供参考。必须根据当地情况，先小范围试验后，方可大规模作业。

第八章　植保无人机购置与飞防服务

第一节　选购植保无人机

国内从事无人机生产的企业很多，但能够实现植保飞防作业的合格植保无人机并不多，因此，购买植保无人机时必须注意以下几点。

一、产品的合法性

植保无人机是一种高效植保作业机械，需要生产批准证书以及国家相关权威单位的鉴定，而目前国内不少生产企业都是把航模改装，加装个药箱再加个喷洒设备就往植保无人机上靠拢，这样的无人机产品一般都是粗制滥造，对用户极不负责任的，选择植保无人机首先要看是否有国家农机部门的鉴定。

二、能够实现精准作业

能飞的无人机不一定能进行喷洒作业，能喷水的也不能都称之为植保无人机。首先，植保作业经常要长时间高强度的面对高温、高湿、强腐蚀、多灰尘的恶劣环境，对机器的可靠性要求非常高；其次，植保无人机采取的是超低量喷雾技术，每亩喷洒约 750 克药液，喷头是专业量身特制的，喷幅宽度、飞行高度也是有严格要求的。

三、必须要有三包手册

植保无人机是一款农业机械，跟拖拉机收割机等农机一样要有三包凭证，如果企业不提供三包和售后服务那就属于三无产品。

四、全面了解性能参数

植保无人机喷洒作业效率会有很多的变数，这跟作物种类、地形地理、面积大小、天气状况、飞手水平、飞机特点、辅助工具等因素有关。不同的植保无人机有不同的性能参数，必须进行全面了解并作对比。

五、轻价格重效果

购买植保无人机不能只看价格，必须看企业的实力、产品的相关参数以及机器的实用程度和耐用程度。购买前最好到企业去实地考察，并让对方进行至少50亩的实战作业演示，必须慎重选择和购买。

六、必须提供培训

很多不负责任的厂家承诺用户5分钟能飞，7天就能熟练操作。学习植保无人机操作是一个系统的工程，不但要学习无人机飞行原理，还要学会维修、拆装、保养等，实战操作更是需要一定面积的作业实战经验，这些都是植保无人机生产企业应该提供的必需的服务。

七、产品必须要有保险

保险是保证工作安全的重要因素，只要是运动的机械都有可能产生巨大的伤害，其后果是设备的操作者与拥有者所不能承受的。因此，植保无人机的保险是不可缺少的重要保障条件。

第二节 飞防服务

一、做一名合格的飞控手

把喷洒质量寄希望于人，显然是不太靠谱的。这句话道出了飞控对于飞防的重要性，未来的飞防一定是自动化、智能化的，能够按照既定的航线自主飞行，能在飞行之前做测绘和航线，实现对不规则地形的自主喷洒。

试想，无人机飞到 200 米开外，肉眼的误差太大，即便是熟练的无人机飞机操作人员（简称飞控手）也难以保证飞行的精准度，这也是很多飞控手打药重喷漏喷的原因，如果自动化程度高，就可以尽可能地减少误差。

此外，飞防在夜间的效果是相对较好的，那为什么不夜间飞防呢？就是因为自动化程度太低，仅极个别企业可做到。也有人认为现在这种现象并不合理，很多农户、从业者、厂家，认为自主化程度越高越好，但是，无人机农业应用，才刚刚开始，不是自主化程度越高越好，针对农业作业环境的复杂程度，还是要逐步来的，要考虑到作物安全、人员安全、农业生产安全等。飞控的重要性是业内人尽皆知的事情，这里不再多说。

在飞控和飞机性能短期内难以提升的情况下，飞控手成了飞防成败的推手。

想把安全飞防寄托于全程自动化，明显是不太靠谱的。所以，无论飞控如何进步，飞控手的重要性都不能忽视。不是能飞的飞机都叫植保无人机，不是能飞的飞控手都叫植保飞控手。市场需要的是植保飞控手，要懂维修和保养知识，懂植保体系，所以对植保在行的年轻小伙子学习做飞控手有相对优势。

目前中国能真正作业的飞控手实在太少了，这个行业的培训滞后于这个行业的发展。

目前培训机构众多，但培养出来的可靠飞控手却相对较少，以赚取培训费为目的者居多。当然市场缺口下，专业的培训机构必不可少。电机的 15 天培训，油动机的 40 多天培训后，还有很多的"修行"需要靠飞控手个人在实践中成长，总之所有的成长都需要付出。

油动机的复杂性和难操控性，反而让油动机飞控手更注重维修保养。随着控制系统的成熟，更多的是提高飞控手的动手能力，而不是飞行能力，培训机构大多培训的是飞机应该怎么飞，但是维修保养知识却是要在实践中总结出来的。

实质上，植保无人机行业的原则是：三分飞，七分养。

植保机飞控手都应定期总结飞防经验教训，并把遇到的问题告诉其他飞控手，再做进一步培训。飞控手要成为一个全能手，会保养，会维修，懂植保，因为再强大的售后服务，也不能随时随地解决飞机遇到的问题，有经验、懂维护维修的飞控手能带来很多方便，节省很多成本。

为什么要强调飞控手懂植保？如果去给农户打药，不用自己的药剂，就需要看看对方提供的是什么药剂，如果不符合飞防要求，应拒绝接单，因为出了问题，农民还是会让飞控手承担后果；如果你不懂植保，有农户让你去打除草剂，你不注意药剂就打了，出了药害，还是要找飞防公司的麻烦。

另外，应注重培养飞控手的责任心。定期军训，进行军事化管理，这样才能提高责任心，才能扛得住辛苦。现在很多人渐渐知道一天一架飞机平均打五百亩地（注意是平均）的效率，这多来自媒体的报道，含有虚夸的成分。慢慢地大家都在强调飞过去的效果，而不再单纯地追求效率，这就是飞控手的蜕变。

做植保飞防是一件极其辛苦的事情，而且大多飞控手的薪资其实并没有想象的那么高，有多么辛苦可能他人根本就感受不到。

很多植保飞防人靠情怀和梦想在这个行业坚持着，汗水和梦想交织着他们。炎热的天气里，飞控手们经历着飞防所面临的许多问题：炸机、被质疑、高温、地块散、电线杆、树木、连夜转场、劳累、夜幕下的归途、半夜对植保机的维护清理、充电……

目前，植保飞控手问题比较突出，操作无人机的飞控手太难找了。所以说，未来植保飞防的发展方向一定是智能化、自动化；控制系统的进步将会让打药更精准、更方便，也会解决飞控手的辛苦问题。而当前作为飞防指挥官的飞控手，要成为一名复合型人才的飞控手，需要有高度的责任心，为自己飞过的每一亩田地负责，在汗水与梦想的交织中等待希望的曙光。

二、飞防组织要提高自身修养

农业服务被视为现代农业未来的发展趋势，是现代农业的重要内容，不仅在推动现代农业发展中担当着重要的角色，也是建设现代农业的一个重要切入点。而飞防组织是农服组织中最为活跃的。下面以飞防组织为例，简单谈一下如何提高农业服务组织的自我修养。

（一）尊重市场需求、严格质量把关

创新是一个企业生存和发展的灵魂，主要指的是技术创新。近两年各大无人机公司的产品更迭十分迅速，航线规划、自动避障等新功能陆续推出。然而，值得警惕的是，无人机行业的"组装机"趋势，"劣币驱逐良币"对于新兴市场而言是件可怕的事，必须加速淘汰这一部分有可能扰乱市场的企业。华丽的新功能诚然更吸引眼球，而对非消费级无人机市场而言，稳定与易用也许更符合当下市场需求。

经常会有人问到底是电动植保无人机好还是油动植保无人机好？其实各有各的优势，也各有各自生存的市场空间。只是随着技术及体系的发展，会有其中一种更能迎合市场的需求。所以，不必纠结油动还是电动，单旋翼或多旋翼，在没有绝对

的技术优势前，能干好活的就是好飞机。

（二）扎扎实实做服务，确保飞防效果

农业服务的核心必然是服务，干农业服务必须服务到位。服务好了，才会带动其他方面的发展。目前很多企业仍停留于演示阶段，展示得再溜也不如真正地去干几亩地。当然了，也不能为了好看的数据不顾自身作业能力强行接大单，质量难以得到保证，最终影响品牌和声誉，失信于民。

俗话说，外行看热闹，内行看门道。有业内专家说，无人机田间表演很简单，随便哪个厂家都可以做到，但是真正下地干活的，考验的是厂家的技术实力，只有少数企业能做得到。一些购买无人机的个人或组织，情况通常是经销商和合作社通过观看无人机飞防田间试验后，觉得可行，便购买，然而实际的应用却难尽如人意。

要做到服务到位，必须加大培训力度，完善培训体系，培养专业机手。现在无人机飞防扩张很快，人才需求非常大，有些组织为了占领市场，开设培训"速成班"，几天就能出师。这种"速成飞手"田间作业经常导致坠机，这损失的不仅是服务组织的信誉，有些无人机生产商还得背黑锅，甚至对整个行业都有不小的伤害。因此，要加强机手的全面培训，不断提高机手的素质，特别是植保技术素质，基本做到科学选药、合理用药、轮换用药和合理混配，同时注意用药安全间隔期在农药选择、存放、配制、施用、废弃物处理等方面的安全意识都应有提高，施药时要有防护意识并采取必要的防护措施，施用农药后，要注意回收农药空包装药瓶等。只有通过专业的培训，培养出合格的专业机手上岗才能确保良好的飞防效果。

（三）确保企业盈利，培育健康市场

要提高服务组织的盈利能力，一是合理收费，二是控制成本。收费标准不一，无序竞争愈演愈烈。很多企业前期就打价

格战，作为"主战场"的某些大田区域就成了牺牲品，价格一乱，当地农民也跟着糊涂了，价格低到成本都回不来，大家就都不乐意去作业了，多方共输。农业覆盖面之广、种类之繁多，更牵扯到国计民生，妄图垄断基本是不可能的。这是一个近乎千亿的市场需求，靠一家或几家企业根本撑不起来这个市场，而且单靠个别企业来培育市场的话，市场普及宣传成本太高。培育市场是整个无人机企业和服务组织要共同来做的事，这个层面大家不是竞争者，而是一个庞大的合作团队。谁家的飞机好，自有市场来检验，这个市场很大，没必要相互挤压。新兴市场需要大家齐心协力，共同维护。合理定价，保质保量，行业才能健康发展。

然后就是控制成本，集中连片、统一播期、科学合理使用农药等都是成本控制的手段。随着现代农业规模化种植的加快，专业化统防统治将成为未来发展的必然趋势。无人机的高效率和规模化操作为无人机企业和购买无人机的服务组织或农户提供了盈利的可能性，只有盈利，一个行业才能市场化，才能发展下去。

三、飞防作业需谨慎

在日常农事活动中，植保无人机在病虫害防治中用得越来越多。但是，不少"飞手"还是新兵，驾驭无人机飞行的技术还不熟练，指挥飞机低空盘旋喷洒药物的技能远不能过关，稍有不慎很容易"失手"。为了减少飞防事故，避免误喷、漏喷，可参考以下几点：

首先，"飞手"培训要到位。植保无人机的操作人员需要通过较为专业的操作培训，使技术控制更为精确，减少飞行器起飞后的事故概率。

其次，地面识别要做好。农用飞机起飞前有许多准备工作，其中对地面工作点的划定事项要精细，特别是那些特定区域的标记性设施，要指示明确、边线可辨、识别明显。利用空间、地面共同识别，不至于给"飞喷"留下不该有的盲区"瞎点"。

再次，用药配伍要科学。现在飞防难度较大，原因是地面的种植物、作物茬口参差不齐，山水田块之间的水陆种养业交相混杂，且品类众多，稍有失误很容易造成次生灾害。所以，要认真科学地制定飞防作业的用药配伍，诸如对不同作物、生物的不同生长期，配以保护性的用药方案，减轻飞防的副作用。

最后，管理控制要全面。农用飞机拥有者应该遵守低空管理规则，用机首先公示，告诉周边村民注意人畜安全避让，告知相邻种植户、养殖单位做好相应的应对工作。"飞喷"方、相关方、农技方"三方"合一，从技术、用药、安保、地形全方位管控，既保障飞行作业安全，又确保不同种养业物种的安全，一举两得。

四、实地植保飞防作业中有存在的问题和对策

（一）环境问题

（1）地块小。大多数植保无人机作业地块大小介于3~8亩，起降频率太高，而且并不是每块都连在一起，转场次数增加，田间道路难走，飞机过重，配套设施太多，这些都大大降低了作业效率，因此接订单的时候一定要先询问当地的农田情况之后再做决定。

（2）树线多。田地周围都被大量的树木包围，飞机飞行危险系数增加。到处可见高压线，对飞机的电子磁罗盘影响较大，增加了飞机不稳定因素，所以打药必须避开树木、高压线等。

（3）民众多。农民对飞机比较好奇，每次到一个新地方打药总会引起围观，其实这是特别危险的现象，无论起飞还是降落都对飞手产生很大的影响和压力，所以打药的时候田地周围20米之内禁止无关人员入内，确保良好的喷洒环境。

(二) 飞行技巧

(1) 飞行高度。根据飞机喷洒效果，建议飞机飞行高度 1~2.5 米，如果飞行高度过低，不仅喷洒范围小影响作业效率，而且飞行高度过低极有可能被农作物拌到导致炸机。飞行高度过高，喷洒效果不好，农民怨声载道，适当的喷洒高度，利人利己。

(2) 飞行速度。原则上在保证安全和喷洒效果的前提下飞行速度越快，效率就越高。但是在实际喷洒过程中发现对于 10 千克机型，机身重量加上电池和药剂可以达 25 千克，惯性较大，如果飞行过快，很难按照自己的想法去控制飞机的飞行姿态，出现掉高、停止困难等现象，加大了飞机事故率（也有可能是飞控种类不同，停止方式不同），但总的来看，建议 10 千克机型飞行速度在 5 米/秒比较合适。对于 5 千克机型可以适当地提升速度，但也要视控制难易程度而定，建议不超过6 米/秒。

(3) 视觉误差。当飞机飞行距离过远的时候，人眼已经不能判断飞机与其他物体的距离，无论是前后还是左右，作业过程中都容易产生视觉误差。这就要求地勤根据自己的判断给予飞手正确的信号指示。当然也可以从技术上做突破，使飞机可以自动判断停止的时机并做出相应的动作，虽说目前已经有了规划路线自动飞行的技术，但是对于环境复杂的农田来说终究不太适合。

(三) 喷洒方式

企业做植保的最终目的还是为了盈利，要想盈利，就要在同样时间内做得比别人快，也就是效率。要想保效率，飞手要根据各种因素来定制最合适的喷洒方式，比如地形、续航、药量、喷洒速度、飞行高度等。例如一次实地作业，按照要求 1 升水大约要喷洒两亩地，10 千克机型一组电池可以飞行 6~7 分钟，对于 1 块 10 亩的农田，按要求 5~6 升水就应该喷完，但是现实情况是喷了 10 升水，用了两组电池。这样哪来的效率？哪来的盈利？所以喷洒前一定要拟定喷洒计划，用多大的速度，用多大的流量，用多少飞行高度来控制多大喷洒范围，这些都应该是一个成熟的飞手必备的技能，经验来源于大量的实践，要想掌握更多的技能还需更多的努力。

（四）续航补给

电池能否供得上飞机的消耗也在很大程度上决定着作业的效率，对于一个 10 千克的机型来说，每组电池用 7 分钟，30 分钟大概要用 4 组电池，也就是 8 块，用 3 个充电器的话这段时间只能充好 3 块电池，这样的话电池早晚会供不应求。根据实际作业，建议 10 千克机型最少要配备 8 组电池，4 个充电器，除去加药转场等时间可以勉强供得上一上午的飞行作业；5 千克机型就相对好一些，每次就用一块电池作业，电池压力也大大减轻，4 组电池完全可以供得上。

充电注意事项：充电之前首先检查各个接口是否接触良好，充电插头是否完全插入充电器，如果未完全插入则会出现接头处因接触不好导致大量发热而烧化。另一点就是充电的地方接地一定要好，否则有极大的可能烧坏充电器内置保险管。充电器功率较大，在农户家中充电的时候一定要先询问总电的最大承受功率，以免酿成大祸。如果条件允许，现场准备一台发电机更好，不仅节约来回取电池的时间，也减少电池运输过程中的颠簸，对电池的使用寿命有很大的帮助。

（五）人员分配

对于植保机来说，每架飞机至少要 3 个人：飞手、旗手、电池补给手。如果只有两个人的话，旗手不可能来回跑加药换电池，所以这些工作都落到了飞手的身上，浪费了大量的时间，飞手应只负责起降和打药，不能让其他的问题打乱喷药的节奏。所以合理的人员分配同样能大幅度提高作业的效率。

（六）飞前检查

每次起飞之前一定要做好安全检查，检查电机是否松动，桨叶是否平衡，GPS 位置是否正确，安装是否牢固，电池电量要保证够用，遥控器电量要充足，卫星信号必须达到起飞的最低标准。做好安全检查，是对飞机和人身安全的负责。

（七）紧急情况的处理

（1）飞机突然失控。对于飞机突然失控，很多飞手会因为紧张而不知所措，致使事态更加严重。遇到这种情况，需要保持冷静，就算不能保持冷静也要记得：迅速把飞行模式改为手动，因为这样做也就断了飞机和 GPS 的联系，如果是 GPS 模块出现问题，这样做无疑是最合适的，模式切换之后可以迅速取得对飞机的控制，这时候不要急着把飞机降落，要先加大油门，拉高飞机，在空中纠正飞机的姿态，寻找合适的降落地点，慢慢下落，直到安全着陆。

（2）机身出现异常。如果飞机自身硬件出现异常，比如电机突然停止工作，这就要考验飞手的技术和经验了，总之要尽量稳住飞机的飞行姿态（对于八轴飞机来说一个电机停转是可以控制的），慢慢降落，如果真的确实不能控制，那就遵循宁可炸机，不可伤人的原则紧急迫降。

植保作业过程中会有很多各种各样的意想不到的问题出现，但是要记住，要时刻保持冷静，相信自己的判断，平时要做大量的练习，学习更多的飞行知识，总结前辈的飞行经验，要想成为合格的飞手，就要亲身投入到实地植保作业中。

五、飞防组织要确保飞防效果和效率

随着土地流转规模的扩大和现代化农业进程的推进，"植保无人机飞防服务"成为了农业植保领域的一个热点。那么，如何才能科学合理地做好这项服务？如何保证作业效果和作业效率？下面将一一予以解答。

（一）确定防治任务

展开飞防服务之前，首先需要确定防治农作物类型、作业面积、地形、病虫害情况、防治周期、使用药剂类型以及是否有其他特殊要求。

具体来讲就是：勘察地形是否适合飞防、测量作业面积、确定农田中的不适宜作业区域（障碍物过多可能会有炸机隐患）、与农户沟通、掌握农田病虫害情况报告，以及确定防治任务是采用飞防队携带药剂还是农户自己的药剂。

需要注意的是，农户药剂一般自主采购或者由地方植保站等机构提供，药剂种类较杂且有大量的粉剂类农药。由于粉剂类农药需要大量的水去稀释，而植保无人机要比人工节省 90% 的水量，所以不能够完全稀释的粉剂，容易造成植保无人机喷洒系统堵塞，影响作业效率及防治效果。因此，需要和农户提前沟通，让其购买非粉剂农药，比如水剂、悬浮剂、乳油等。

另外，根据地形植保无人机作业效率为 200~600 亩/天，所以需要提前配比充足药量，或者由飞防服务团队自行准备飞防专用药剂，进而节省配药时间，提高作业效率。

（二）确定飞防队伍

确定防治任务后，就需要根据农作物类型、面积、地形、病虫害情况、防治周期和单台植保无人机的作业效率，来确定飞防人员、植保无人机数量以及运输车辆。一般农作物都有一定的防治周期，在这个周期内如果没有及时将任务完成，将达不到预期的防治效果。对于飞防服务队伍而言，首先应该做到的是保证防治效果，其次才是如何提升效率。

举例来说，假设防治任务为水稻 2 500 亩，地形适中，病虫期在 5 天左右，单旋翼油动植保无人机保守估计日作业面积为 300 亩。300 亩/天×5 天 = 1 500 亩，所以需要出动两台单旋翼油动植保无人机；而一台单旋翼油动植保无人机作业最少需要一名飞手（操作手）和一名助手（地勤），所以需要 2 名飞手与 2 名助手。

最后，一台中型面包车即可搭载 4 名人员和 2~3 架单旋翼油动植保无人机。

需要注意的是，考虑到病虫害的时效性及无人机在农田相对恶劣的环境下可能会遇到突发问题等因素，飞防作业一般可采取 2 飞 1 备的原则，以保障防治效率。

（三）环境天气勘测及相关物资准备

首先，进行植保飞防作业时，应提前查知作业地方近几日的天气情况（温度及是否有伴随大风或者雨水）。恶劣天气会对作业造成困扰，提前确定这些数据，更方便确定飞防作业时间及其他安排。

其次是物资准备。电动多旋翼需要动力电池（一般为 5~10 组）、相关的充电器，以及当地作业地点不方便充电时可能要随车携带发电设备。单旋翼油动直升机则要考虑汽油的问题，因为国家对散装汽油的管控，所以要提前加好所需汽油或者掌握作业地加油条件（一般采用 97#），到当地派出所申请农业散装用油证明备案（不同地域有所差别，管控松紧不一，一般靠近农村乡镇不会有这种问题）。

再后是相关配套设施，如农药配比和运输需要的药壶或水桶、飞手和助手协调沟通的对讲机，以及相关作业防护用品（眼镜、口罩、工作服、遮阳帽等）。如果防治任务是包工包药的方式，就需要飞防团队核对药剂类型与需要防治的作物病虫害是否符合，数量是否正确。

一切准备就绪，天气适中，近期无雨水以及大风（一般超过 3 级风将会使农药产生大的飘移），即可出发前往目的地开始飞防任务。

（四）开始飞防作业

飞防团队应提前到达作业地块，熟悉地形、检查飞行航线路径有无障碍物、确定飞机起降点及作业航线基本规划。

随后进行农药配置，一般需根据植保无人机作业量提前配半天到一天所需药量。

最后，植保无人机起飞前检查，相关设施测试确定（如对讲机频率、喷洒流量等），然后报点员就位，飞手操控植保无人机进行喷洒服务。

在保证作业效果效率（例如航线直线度、横移宽度、飞行高度、是否漏喷重喷）的同时，飞机与人或障碍物的安全距离也非常重要。任何飞行器突发事故时对人危险性较高，作业过程必须时刻远离人群，助手及相关人员要及时疏散作业区域人群，保证飞防作业安全。

用药时请使用高效低毒检测无残留的生物农药，以避免在喷洒过程中对周围的动植物产生不良影响，导致纠纷和经济赔偿。气温高于35℃时，应停止施药，高温对药效有一定影响。

一天作业任务完毕，应记录作业结束点，方便第二天继续前一天作业田块位置进行喷洒。然后清洗保养飞机，对植保无人机系统进行检查，检查各项物资消耗（农药、汽油、电池等），记录当天作业亩数和飞行架次、当日用药量与总作业亩数是否吻合等，从而为第二天作业做好准备。

农民是最好打交道也是最不好打交道的，只有真正做出效果，让农户放心信任才是关键。

六、影响植保飞防作业的环境因素

影响植保飞防作业的环境因素很多，以下几点应该引起高度重视：

（一）天气因素

植保无人机在作业过程中的天气因素是我们必须考虑的影

响要素，因为恶劣的天气环境会影响植保无人机的飞行效率及作业效果。下雨天不要冒雨作业，飞防作业后 1 小时内遇到中雨，建议进行补喷；35℃ 以上高温不要作业；风力大于 3 级不要作业；有露水时不要作业。

（二）地理因素

地理环境也是植保无人机作业过程需要考虑到的，在作业的过程中要满足以下几个地理因素。

（1）田块周界 10 米范围内没有房舍及其他建筑物。

（2）田块周界 10 米范围内无防护林、高压线塔、电线杆等障碍物。

（3）田块中间无影响飞行安全的障碍物或影响飞行视线的障碍物。

（4）田块周界或田块中间必须要有适合植保无人机起落的起落点。

（5）飞行高度应在操控人员的视线范围，操控人员能够观察到飞机飞行姿态。

（6）田块应有适合操控人员行走的道路。

（三）种植地块因素

在水稻主产区，大多数植保无人机作业地块大小介于 2~5 亩，而且并不是每块都连在一起，这些都会大大降低植保无人机作业效率。

（四）田间障碍因素

我国农村田地周围大多有树木、电线杆等障碍物，这些障碍物会增加植保无人机飞行危险系数，而高压电线产生的磁场对植保无人机的电子磁罗盘影响较大，会干扰植保无人机的稳定性。

（五）人为因素

由于植保飞防是一件新生事物，老百姓对植保无人机比较好奇，每次到一个新地方打药总会引起围观，这是特别危险的现象，会对无人机操控人员产生很大的影响和压力，所以打药的时候，田地周围20米之内要坚决禁止无关人员入内。

七、植保飞控手应该注意的细节

植保飞防不同于航拍，对飞控手有很高的要求，要求飞控手不仅要懂飞控，还必须懂植保。

在植保飞防作业中，人是起决定作用的。无论飞控如何先进，植保飞控手的重要性都不能忽视。不是能够飞的无人机都叫植保无人机，不是所有的飞控手都叫植保飞控手，植保飞控手必须能够完成精准飞防作业的使命。因此，要成为一名合格的植保飞控手，必须要有高度的责任心，必须懂飞行、懂维修和保养知识、懂植保。下面就易被忽视的一些细节问题做一些交代。

（一）植保常识

植保飞控手必须了解靶标作物的特性，如抗虫抗病情况；必须了解防治对象防治适期；必须了解防治药剂、飞防助剂的选择；必须了解防治药剂、飞防助剂的准确用量，必须了解飞防药液的调配；飞防作业完成后，要对作业田块进行防治效果调查，并及时做好补喷工作。

（二）个人防护

进行植保飞防作业时，植保飞控手必须严格遵守农药安全使用规程，要穿好飞防专用防护服并佩戴口罩；必须要与植保机保持一定的安全距离，严禁无关人员靠近；有风时要站在上风口方向施药；完成作业后要及时清洗身体、更换服装。

（三）植保无人机维护

飞防作业结束后，要及时对植保无人机的喷药系统进行清洗处理；清洗器械的污水应选在安全地点妥善处理，防止污染附近饮用水源或鱼塘；若植保无人机药箱内还剩有药液，应将这些药液妥善处理，严禁随地泼洒，以减少药剂对周围环境所带来的负面影响。

（四）中毒自救

如植保飞控手不慎将农药溅入眼睛或皮肤上，应及时用大量清水反复冲洗；如出现头痛、头昏、恶心、呕吐等农药中毒症状，应立即停止作业，离开施药现场，脱掉污染衣服并携带农药标签前往医院就诊。

（五）公众安全

植保飞防作业过程中，由于老百姓对植保无人机比较好奇，每次到一个新地方打药总会引起围观，这是特别危险的现象，会对无人机操控人员产生很大的影响和压力，所以打药的时候，田地周围 20 米之内要坚决禁止无关人员人内。

（六）操作注意事项

作业前要先了解地情，防止植保无人机在飞行过程中触碰障碍物或受到外界干扰；应仔细检查植保无人机的开关、接头、喷头等处螺丝是否拧紧，药桶有无渗漏，喷头是否可以合理雾化等；为保证喷洒均匀，在飞行作业过程中尽量保证恒高恒速，避免重喷漏喷；喷施药剂的适宜温度一般为 20～30℃，尽量避免在中午高温气候条件下施药；暴雨前及雨天不宜施药，防止雨水冲刷药剂，影响防治效果；风力大于 3 级不宜施药，微风作业时，植保飞控手要尽量站在上风口，把握好风力风向，确保作物受药均匀，避免因风力风向造成施药人员伤害、药物流失以及作物药害。

八、植保飞控手应该具备的植保基本素质

植保飞防是一项复杂的系统工程，必须严格要求，科学对待飞防作业，精心、专心、用心打造飞防品牌，一定要从养成良好的作业习惯抓起，具体如下。

（1）坚持现混现用，不用隔夜药。

（2）坚持严格按飞防解决方案作业，不能随心所欲。

（3）必须使用飞防专用助剂，实现农药减量，确保防治效果。

（4）将农药废弃包装物统一回收处理，不要乱丢造成二次污染，保护生态环境。

（5）坚决杜绝高毒农药、禁限用农药、高风险农药下田，确保农产品质量安全。

（6）坚决拒绝使用假冒伪劣农药、违规农药。

九、植保飞控手应该养成的良好习惯

超低空遥控飞行植保机飞防作业必须要注意以下几点。

（1）严禁酒驾或醉驾，飞控手不得饮酒作业。

（2）严禁毒驾，不得吸食毒品和兴奋剂作业。

（3）严禁疲劳操控，特别是夏季炎热时节，白天 11—15 时不适宜植保飞防作业。

（4）严禁违章作业，在水源地、牧草地、有人处、有禽处、有兽处及敏感作物附近等，不要盲目飞防。

（5）严禁危险作业，不要坐在或站在车顶作业，不要站在高压电杆下作业，不要趴在建筑物或在树上作业，不要站在水塘边、陡坡边缘作业。

（6）严禁野蛮作业，植保无人机一旦出现异常应该立即停止作业，若电池电量报警，必须立即返回更换电池。

（7）严禁懒人作业，作业前应该仔细检查植保无人机是否正常，对飞控系统、喷洒系统、电池、电调、电机、泵机等进行全面检查，杜绝带病作业；作业完成后，要及时清洗药液箱、喷洒系统，并对全机进行保洁和保养。

（8）严禁违规作业，根据科学使用农药的相关规定，作业人员应该穿戴必要的防护用品，作业过程中严禁接、打手机。

（9）严禁违禁作业，千万不要飞越边境地区或在国家和军队设立的禁飞区飞防作业。

第九章　无人机植保作业

如果把农药比作病虫害防治中的弹药，那么施药机具就是战士手中的枪炮，只有采用正确的施药方法，才能使喷洒出去的农药尽可能地击中靶标生物，这样不仅提高施药质量，而且还会显著降低农药施用对环境的压力，减轻操作者自身被农药污染的程度。

植保无人机属于低空低量施药，违规违法使用植保无人机，不仅影响施药结果，还会影响社会公共安全，带来的负面影响更为严重。在传统农业生产中，常常见到不规范施药的情况：有的施药人员没有任何防护措施，赤膊上阵，或虽然穿着衣服，可衣服上沾满药液，极易引起人员中毒事故；夏天高温季节，一个人在田间喷洒高毒农药，发生中毒后得不到及时救护；在风速较大，已不适合喷洒除草剂的天气情况下还在田间喷雾，农药雾滴飘移造成邻近作物药害事故，带来社会问题；有的操作者故意把植保机具装配的标准尺寸的喷头喷孔人为扩大，只图喷雾速度快，实际上降低了施药质量和作业效率。植保无人机使用过程中这些问题同样存在。植保无人机作业中还可能出现下列问题：由于施药前电池准备不充分，电量不足，作业前观察环境不仔细，撞击避障物，造成机具坠落；GPS信号不强、电磁干扰造成失控；作业时随意调整飞行速度、飞行高度等。这些不规范施药技术，不仅造成农药有效利用率低，还带来了作物药害、环境污染、操作者中毒或其他危害公共安全的事故，造成经济损失和社会危害。

第一节 植保无人机施药运行管理的一般规定

无人机技术的快速发展促进了国家相关政策的出台。国务院、中央军委空中交通管制委员会组织、制定了《无人驾驶航空器飞行管理暂行条例》，规定了无人驾驶航空器飞行管理坚持安全为要，降低了飞行活动风险；坚持需求牵引，适应行业创新发展；坚持分类施策、统筹资源配置利用；坚持齐抓共管，形成严密管控格局。中国民用航空局制定了《轻小型无人机运行规定》《民用无人机驾驶员管理规定》《民用无人驾驶航空器实名制登记管理规定》等管理文件，对无人机生产制造、使用、销售等环节进行了规定。植保无人机是能飞起来的施药机械，既要遵循飞行器的相关规定，保证公共安全，又要遵守植保机械的相关要求，保证粮食安全、环境安全。总体来讲，植保无人机需从无人机系统、无人机驾驶员、飞行空域、飞行运行、施药技术要求、农药使用等方面进行管理，以促进农用航空事业健康有序发展。

一、无人机系统

植保无人机是高效植保机械，是适应农业结构调整需求和绿色生态导向的创新产品。目前，我国生产的植保无人机空机质量基本为 5~90 千克，最大起飞质量为 10~150 千克，依据无人驾驶航空器飞行管理暂行条例规定，隶属于小型无人机、中型无人机两个档次。其生产、制造、销售、使用均需按相关规定进行，需进行适航管理或产品认证，发现存在缺陷的，应依法召回。

（1）销售植保无人机的单位、个人应当向公安机关备案，并核实、记录购买单位、个人的相关信息，定期向公安机关报备。

（2）植保无人机制造商需在"无人机实名登记系统"中填报其产品的名称、型号、最大起飞质量、空机质量、产品类型和无人机购买者姓名、电话等信息，并在产品包装上提醒购买者需进行实名登记，并加贴登记标志。

（3）拥有植保无人机的单位和个人应向民用航空管理机构进行实名登记、国籍登记。登记信息为拥有者的姓名、单位名称和法人姓名。个人登记时，需提供有效身份证件（身份证或护照等）；单位登记时，需提供统一社会信用代码或者组织机构代码。另还需登记购买方的移动电话、邮箱、产品型号、产品序列号及使用目的。登记信息发生变化时，应当及时申请变更；发生遗失、报废时，应当及时申请注销。

（4）使用植保无人机飞行时，应按照要求自动报送身份识别编码或者其他身份标识，其工作频率、功率等技术指标应当符合国家无线电管理相关规定，从事植保作业的单位及个人应当强制投保第三方责任险。

（5）无人机管理按类别进行，具体分类标准见表9-1。

表9-1　无人机管理分类标准

分类	类别	空机质量/千克	起飞全重/千克
Ⅰ	微型	$0<W\leqslant1.5$	$0<W\leqslant1.5$
Ⅱ	轻型	$1.5<W\leqslant4$	$1.5<W\leqslant7$
Ⅲ	小型	$4<W\leqslant15$	$7<W\leqslant25$
Ⅳ	中型	$15<W\leqslant116$	$25<W\leqslant150$
Ⅴ	/	植保类无人机	
Ⅵ	/	无人飞艇	
Ⅶ	/	超视距运行的Ⅰ、Ⅱ无人机	
Ⅷ	大型	$116<W\leqslant5\,700$	$150<W\leqslant5\,700$

（续表）

分类	类别	空机质量/千克	起飞全重/千克
IX	大型	W>5 700	

注：实际运行中，分类有交叉时，按照较高要求的一类分类。对于串、并列运行或者编队运行的无人机，按照总质量分类。

二、飞行空域

植保无人机喷洒农药为特定用途，农业部行业标准要求作业时飞行真高不超过30米，且在农林牧区域的上方。条例对于植保无人机的适飞空域进行放宽处理，其管控空域如下：

（1）真高120米以上空域。

（2）空中禁区以及周边5 000米范围。

（3）空中危险区以及周边2 000米范围。

（4）军用机场净空保护区，民用机场障碍物限制面水平投影范围的上方。

（5）有人驾驶航空器临时起降点以及周边2 000米范围的上方。

（6）国界线到我方一侧5 000米范围的上方，边境线到我方一侧2 000米范围的上方。

（7）军事禁区以及周边1 000米范围的上方，军事管理区、设禁飞区的市级（含）以上党政机关、核电站、监管场所以及周边200米范围的上方。

（8）射电天文台以及周边5 000米范围的上方，卫星地面站（含测控、测距、接收、导航站）等需要电磁环境特殊保护的设施以及周边2 000米范围的上方，气象雷达站以及周边1 000米范围的上方。

（9）生产、储存易燃易爆危险品的大型企业和储备可燃重要物资的大型仓库、基地以及周边150米范围的上方，发电厂、

变电站、加油站和中大型车站、码头、港口、大型活动现场以
及周边 100 米范围的上方，高速铁路以及两侧 200 米范围的上
方，普通铁路和国道以及两侧 100 米范围的上方；

（10）军航低空、超低空飞行安全空域。

（11）省级人民政府会同战区确定的管控空域。

三、飞行运行

国家统筹建立具备监视和必要管控功能的无人机综合监管
平台，民用无人机飞行动态信息与公安机关共享。国务院公安
部门建立民用无人机公共安全监管系统。植保无人机在相应适
飞空域飞行，无须申请飞行计划，但需向综合监管平台实时报
送动态信息。植保无人机夜间飞行时应当开启警示灯并确保处
于良好状态。

四、施药技术要求

（1）尽量用农业、物理和生物方法控制病虫草害，只有在
其他技术不能满足田间防治要求的情况下才选用化学农药，以
最大限度地减少化学农药在防治病虫草害的同时带来的负面
影响。

（2）选择的农药必须是经过农药管理部门登记注册的正规
产品，购买时应检查产品标签，检查是否有农药三证（农药登
记证、准产证和农药销售许可证）。

（3）施药前，应通知施药田块邻近的户主和居住在附近的
居民，并采取相应措施避免农药雾滴飘移引起对邻近作物的药
害、家畜中毒及对其他有益生物的伤害。

（4）施药前应查看天气，温度、湿度、雨露、光照和气流
等气象因素对施药质量影响很大。

（5）选择机具时应优先考虑国家认可的检测机构检验合格
的产品，有国家强制性产品认证（3C 认证）要求的产品，需购

买有 3C 认证标志的产品。

（6）施药人员应经过施药技术培训，熟悉机具、农药、农艺等相关知识。施药、清洗或者维修喷洒装置时应做到穿长袖衣服、长裤，戴口罩、手套、护目镜。

（7）操作人员每天施药时间不得超过 6 小时。如有头痛、头昏、恶心、呕吐等现象，应立即离开施药现场。

（8）施药中，禁止吸烟、进食，不能用手擦嘴、脸和眼睛。

（9）严禁酒后操作无人机。严禁在禁飞区施药。

（10）操作人员工作全部完毕后应及时更换工作服，清洗手、脸等部位，并用清水漱口。

（11）严禁使用植保无人机从事除植保作业外的任何活动。

（12）操作人员在每次作业前与作业后，都应填写《植保无人机安全检查表》，见表 9-2。

表 9-2　植保无人机安全检查表

序号	项目名称	内容
1	喷洒区域	□喷洒面积 □停机点的地形 □海拔高度 □标识设置状况
2	区域内障碍物及危险物	□高压线的位置 □电线配线及其位置 □障碍物的位置 □铁道及其架线的位置
3	喷洒周边环境	□学校 □医院 □住宅 □上学道路、交通繁忙路段 □家禽圈舍 □养蜂 □养蚕、桑园 □烟田 □茶园 □轮种地

（续表）

序号	项目名称	内容
3	喷洒周边环境	□鱼塘 □水源地、河流 □机动车停车场等 □发电厂、变电所 □有机作物种植区 □防止飞散措施 □机场 □周边其他作物
4	喷洒作业	□飞行顺序 □操控员行走道路 □对象农作物 □对象病害虫 □农药名 □剂型 □稀释倍数 □农药喷洒量 □农药使用时间、使用回数 □农药有效年月 □农药使用注意事项 □机体、喷洒装置 □作业开始时间 □多机飞行时飞行方法及作业顺序 □禁止无关人员进入 □确认操控技能 □信号员和对讲机 □对作业人员的安全指导
5	气象条件	□风向风速/米/秒，气温/℃，湿度/% □降雨、雾预报
6	健康状况 及着装要求	□健康状况 □口罩 □头盔 □手套 □毛巾 □防护眼镜 □长袖长裤

（续表）

序号	项目名称	内容
7	作业完成	□药剂残余量 □空容器处理 □机体、喷洒装置清洗 □使用农药等的登记 □喷洒遗漏

五、农药使用安全要求

（1）应按照农药产品登记的防治对象和安全使用间隔期选择农药。

（2）严禁选用国家禁止生产、使用的农药，选择限用的农药应按照有关规定进行，不得选择剧毒、高毒农药用于蔬菜、茶叶、果树、中药材等作物。

第二节　植保无人机作业前的准备

一、确定靶标生物种类和为害程度

施药前首先应进行田间靶标生物检查，确定田间和周边作物及其病虫草害的种类以及为害程度。如果不能确定，可以到当地农业技术推广部门、植保部门、农药销售部门或向有经验的农民咨询。

针对农田作物和病虫草害为害状况，选择适宜的防治方法。尽量用农业、物理和生物方法来控制病虫草害，只有在其他技术不能满足田间防治要求的情况下才选用化学农药，以最大限度地减少化学农药在防治病虫草害的同时带来的负面影响。

二、选择农药

根据不同作物的不同生长期、不同病虫草害，在当地植保部门的帮助下选择正确的农药及剂型。选择的农药必须是经农药管理部门登记注册的正规产品。购买时应该查看产品标签，标签上应该注明农药名称、企业名称、农药三证（即农药登记证、准产证和农药销售许可证）以及农药的有效成分、含量、质量、产品性能、毒性、用途、使用技术、使用方法、生产日期、产品质量保证期和注意事项等，农药分装的还应当注明分装单位。

仔细阅读农药产品标签，确定防治对象，确定对作物的安全性，确定符合作物收获安全间隔期，确定对家畜、有益昆虫和环境的安全性。

通知施药田块邻近地块的户主和居住在附近的居民，并采取相应措施避免农药雾滴飘移引起对邻近作物的药害、家畜中毒及对其他有益生物的伤害。

三、测试气象条件

气象因素不仅影响有害生物种群的活动，对农药安全使用也有影响，因此，施药前要查看气象条件。田间温度、湿度、雨露、光照和气流（水平气流和上升气流）等气象因素复杂多变，对农药的运动、沉积、分布会产生很大影响，并最终表现为对防治效果、农药在环境中的扩散分布动向所产生的影响，这些影响正是施药技术规范化所要考虑的问题。

就风速对施药的影响，过去提倡在无风条件下喷雾，但在无风条件下特别是在早晨经常有逆温现象，因而低速下降的小雾滴可能在空中悬浮很长时间，易于造成小雾滴向各个方向飘移，甚至可能沉降到距离施药点数千米以外的地方；研究发现，一定的风速有利于提高雾滴的沉积率，因此，建议在轻风条件下用药，1~4 米/秒的风速有利于雾滴在生物靶标上的沉积。田间施药时应参照第 8 章的风速条件，在不适合的气象条件下要避免施药。

植保无人机施药应结合机具的抗风能力，风速应尽量在 5 米/秒之内，气温不应超过 35℃，大雾、露水多或下雨天应停止施药，应提前关注作业前后天气预报，避免在恶劣天气下施药。大田作物进行超低量喷施时，不能在晴天中午有上升气流时进行。

四、机具选择及调整

1. 机具选择

作业前，应综合考虑防治对象、防治场所、作物种类和生长情况、农药剂型、防治方法、防治规模等，选择适合作业的植保无人机。植保无人机是新兴产品，尚未列入国家强制性产品认证范围，但在选择机具时应优先购买有国家认可的检测机构出具证明的合格产品。机具应有产品合格证、随机技术文件（使用说明书、三包凭证等）、配件等。旧机具应经维修保养后，性能不低于使用说明书的要求。

2. 机具检查和调试

飞行前的详细检查是对飞行安全最大的保障，在植保作业过程中，只有对植保无人机的各项状态仔细检查，才能避免飞行事故的发生。

（1）遥控以及飞控的调试。遥控器摇杆模式主要有"美国手"和"日本手"两种，目前在我国两种摇杆模式同时采用，一个飞防组织尽量统一摇杆模式，这样可以减少因摇杆模式不同而导致的摔机事故。在作业前，一定要确认机具摇杆的模式，如果不是自动模式，需更改模式。更改模式后的第一次飞行，在启动电机时，应压低油门杆，测试飞行器是否已经成功更改摇杆模式。

（2）磁罗盘的校准。在校准磁罗盘前，必须确保磁罗盘GPS模块上的箭头方向与机头方向保持一致。校准磁罗盘时应选择GPS信号良好的开阔地域，并且保证周围环境无磁场干扰。磁罗盘的校准是保证植保无人机飞行安全的基本操作，如发生下列情况就应立即进行磁罗盘校准：飞行器长距离运输、飞行器长时间闲置、飞行器指南针信号异常。磁罗盘校准应是一个合格操作人员必须时常关注的要素，飞行时一定要避免出现未进行磁罗盘校准导致的飞行异常。

（3）飞行作业参数选择和设置。飞行前应根据地块情况、病虫害情况、施药液量的要求结合机具的具体情况，计算本次作业采用的飞行速度、飞行高度、喷幅，确定采用何种喷头并进行航线规划等等，连接调参软件，设置飞行作业参数。

喷洒飞行中，机型不同，飞行速度和飞行高度也不同，需按机具说明书要求进行飞行参数设置。目前的农用无人机机型喷洒农药的作业高度一般为0.5~5米（地面上方或作物上方），飞行速度一般为2~5米/秒。针对作物病虫害特点，明确农药类型和喷洒技术方法。对于长度小于100米的田块可采用手控飞行；对于长度在100~500米之间的田块，手控和自主飞行均可采用；而对于长度大于500米的田块且田间无障碍物的采用自主飞行。

（4）电池电量检查。作业前需检查飞机电池及遥控器电池电量是否充足，检查电池是否固定牢靠，检查线路连接是否正确、牢固。

（5）电机和螺旋桨检查。作业前检查安装是否稳固，工作是否正常，所有机臂和桨是否完全展开，机臂安装是否紧固。

（6）喷雾系统检查。施药前应在施药机具上安装不含农药的介质（根据机具的不同选择清水、柴油或陶土粉）进行试喷，检查喷头是否堵塞，喷雾是否正常，雾形是否完整；长时间未使用的机具需检查喷头喷雾量是否一致，若相差超过 5%，建议更换所有喷头；检查泵工作是否正常，喷雾管路是否有渗漏现象等。发现问题，应及时维修、校正。

五、根据风向和地块形状确定作业路线规划

首先要根据风力确定有效喷幅和飞行路线。行走方向与风向垂直，最小夹角不小于 45°。喷雾作业时要保持人体处于上风方向喷药，实行顺风、隔行喷雾，严禁逆风喷洒农药。为保证喷雾质量和药效，当风速过大（大于 5 米/秒）和风向多变不稳时不宜喷雾。无风时也不能进行飘移性喷雾。这是因为在无风条件下，特别是在早晨经常有逆温现象时，低速下降的小雾滴可能在空中悬浮过长时间，易造成小雾滴向各个方向飘移，甚至可能沉降到数百米以外的地方，对邻近环境造成农药污染。

确定作业面积及作业时间，绘制作业区域图，根据作业区域地理位置划分作业区并标明作业区各拐点位置。

当前，植保无人机作业方式有手动操作、AB 点作业和自主飞行作业等三种。无论哪种方式，都需要飞防人员具有统筹安排，合理安排飞机和人员，合理下达作业任务，合理转场，合理安排各飞防队间的配合以及处理突发情况的能力。新手或新团队应优先选择简单的地块进行作业，积累经验，降低风险，提高作业质量。在飞行前，应尽量等 GPS 定位 7 颗卫星数据之后再起飞。

1. 手动操作

手动操作是由飞手和地勤配合完成作业任务，需要地勤及时提醒飞手飞机的安全距离，及时换航或返航。在姿态模式和 GPS 模式下，飞手可任意操控飞行器至需要喷洒农药的区域，飞手必须保持飞机在自己的视距范围内，时刻观察飞机的姿态，飞行速度保持匀速，飞行高度保持一致，确保喷洒均匀性。手动操作的作业质量与飞手的责任心息息相关，飞手不得随意提

高飞行速度和飞行高度，不能随意放大喷幅，以确保作业质量。

2. AB 点作业

AB 点作业为半自主飞行作业模式。在通过遥控器将开始喷洒农药点记录为 A 点，直线飞行一定距离到达目标点后，记录为 B 点，然后通过遥控器开启 AB 点执行功能，再向左或者右拨横滚杆，横移已设定的距离，飞行器将根据 AB 两点的直线距离及预设喷幅，自动完成喷洒作业，无须人工操作。在执行点作业功能过程中，飞手可以随时人工干预偏航和俯仰，面对不规则地块，可以保证喷洒作业的灵活性。AB 点作业模式降低了植保无人机作业的难度，提高了对飞控要求，飞控需有定高功能、仿地功能且要求飞控算法更精准，飞的航线更直。

3. 自主飞行作业

自主飞行作业模式是指通过手持 GPS 取点或利用无人机传回的 GPS 信号自动取点的方式将农田信息采回，包括将农田边界及田间障碍物标识出来，再根据需要的飞行速度、飞行高度、喷幅、施药液量等作业参数结合植保无人机需要的飞行安全距离及航向角进行航线规划的作业方式。自主飞行作业航线规划有手动规划和自动规划两种。航线规划过程每个产品均有各自的特点，需根据产品说明书进行相关操作，此处只作简单介绍。

（1）手动航线规划。在菜单中找到航线规划功能，选择手动航线规划，在规划前可设置飞行作业高度。设定完成后，在地面站需作业区进行手动采点，可以对采得的点位进行拖动操作，可根据作业参数及障碍物，对航点进行删除、顺序调换等编辑完成航线规划。

（2）自动航线规划。在菜单中找到自动航线规划功能，在规划前先设置飞行作业高度和作业幅宽，选择作业区域，并在作业区内利用电子围栏功能手动进行障碍物标识，手动对采得的点位进行拖动操作，可根据作业参数、障碍物及航向角的要求自动进行航线规划。

在航线规划完成后需及时保存或载入规划，便于下次作业时调用。在作业前需将地面站与电台正确连接，并将规划上传至植保无人机。

第三节　植保无人机作业中的技术规范

一、作业前先按操作规程配制好农药

向药液桶中加注药液前，需将喷雾系统药液开关关闭，以免药液漏出，加注药液要用滤网过滤。药液不能超过药箱壁上所示水位线位置。加注药液后，必须盖紧桶盖，以免作业时药液漏出。

二、宜采用针对性喷雾和飘移喷雾结合的方式施药

植保无人机作低容量喷雾时，宜采用针对性喷雾和飘移喷雾结合的方式施药。具体操作过程如下：

（1）植保无人机起飞时，药液开关处于关闭状态。到达喷雾起点后，打开药液开关，开始施药。严禁停留在一处喷洒，以防引起药害。

（2）飞行作业路线的确定：施药时飞行要保持匀速，不能忽快忽慢，防止重喷漏喷。飞行路线根据风向而定，走向应与风向垂直或成不小于45°夹角，飞手需在上风向。

（3）飞行作业时，需观察喷头喷洒情况，若出现堵塞或滴漏等异常情况，应立即停止喷洒作业。

第四节　施药作业人员规范

植保无人机驾驶员应年满18岁，需进行安全操作培训、航

空施药技术培训及农药使用安全培训，并熟悉农用无人植保机、农药、农艺等相关知识，取得理论培训合格证书及安全操作合格证书。因故意犯罪曾经受到刑事处罚的人员，不得担任中型、大型无人机驾驶员。

（1）操作人员必须经过施药技术培训，应熟悉机具、农药、农艺等相关知识。施药时应做到穿长袖衣服、长裤、鞋袜，戴口罩、手套、护目镜，带肥皂及工具零备件。严格按操作规程作业。

（2）施药人员最好不要在无人知晓的情况下单独作业，特别是在喷撒高毒农药时，以免发生农药中毒时不能得到及时救治。

（3）老、弱、病、童、皮肤损伤未愈者及妇女哺乳期、孕期、经期不得进行施药操作。

（4）施药过程中禁止吸烟、喝水、吃东西，不能用手擦嘴、脸及眼睛。

（5）施药中若遇喷头堵塞等故障，应立即关闭截止阀，先用清水冲洗喷头，然后戴乳胶手套进行故障排除，应用毛刷疏通喷孔，严禁用嘴吹、吸喷头和滤网。

（6）施药时操作人员应站在上风，严禁逆风喷洒农药。

（7）施药人员每天施药时间不得超过6小时，如有头痛、头昏、恶心、呕吐等症状，应立即离开施药现场，严重者应及时送医院诊治。

第五节　作业后技术规范

一、安全标记

施药后应在田边插入"禁止人员进入"的警示标记，避免人员误食喷洒高毒农药后田块的农产品引起中毒事故。

二、残液处理

植保无人机药箱中未喷完残液应用药瓶存放，安全带回。配药用的空药瓶、空药袋应集中收集、妥善处理，不准随意丢弃。此类废弃农药包装最好交给原生产厂家集中处置。但在尚未建立这种农药回收制度的情况下，可以采取挖坑深埋的办法来处置。挖坑地点应在离生活区很远的地方，而且地下水很深、降雨量小或能避雨、远离各种水源的荒僻地带。

三、机具清洗

每次施药后，应在田间全面清洗机具。植保无人机下一个班次如更换药剂或作物，应注意两种药剂是否会产生化学反应而影响药效或对另一种作物产生药害，此时可用浓碱水反复清洗多次，也可用大量清水冲洗后，再用0.2%苏打水或0.1%活性炭悬浮液浸泡，再用清水冲洗。

清洗机具的污水，应在田间选择安全地点妥善处理，不得带回生活区，不得随地泼洒，防止污染环境。

带有自动加水装置的植保无人机，其加水管路应置于水源处，不得随机运行，并不准在生活用水源中吸水。

四、机具维护保养

1. 单旋翼植保无人机的维护

（1）整机清洁。整机清洁主要指机身主体的清洁工作，可用高压空气或湿抹布进行清洁，重点关注如主旋翼、尾旋翼、机身板、尾杆、外露轴承、空气滤清器、散热器的清洁工作。对外露轴承建议涂上润滑脂，以达到润滑、防锈、防腐蚀的目的。清洁过程中注意观察大桨、尾桨和尾杆的完整度，是否有膨胀、开裂等情况，机身板上的固定螺丝是否有松脱等现象。

（2）主旋翼、尾旋翼、同步带检查。检查所有部件是否有严重磨损；检查旋翼旋转是否有卡滞现象，若有卡滞现象，则需将主旋翼上残留农药清洗后重新安装，拆卸时应做好旋翼与桨夹臂的对应记号，对号装配；检查主旋翼、尾旋翼松紧是否一致，若不一致，需将其调节一致；检查旋翼各个螺丝松紧情况。

（3）主轴、尾轴检查。检查主轴、尾轴横向是否有晃量，上下是否松动；检查主轴、尾轴的工作限位间是否流畅滑动；每天清洁主轴、尾轴及其外露轴承并涂上润滑脂，需注意尾轴铜套的磨损情况。

（4）齿轮箱前轴检查。检查齿轮箱前轴横向是否有晃量；检查单向轴承，顺时针方向自转，逆时针方向会带动主轴旋转。

（5）喷洒系统清洁检查。检查水泵、喷头是否堵塞，线路是否老化，以及喷头固定情况。

（6）遥控器清洁检查。检查各个操纵杆、按键是否正常工作，需防潮、防尘、防暴晒。

（7）主皮带、尾皮带、风扇皮带检查。检查是否有少齿、分叉以及其他可能导致断裂的状况，检查松紧度是否合适。

（8）存放点检查。植保无人机存放点需注意防火、防潮、防尘、防暴晒。电池和遥控器建议存放在单独的箱子里。

针对电动单旋翼植保无人机，除以上8项维护与保养注意事项外，还应注意对电调、IMU、GPS、舵机和电池的检查：①检查电调、IMU、GPS是否松动，是否需重新固定；②连接动力电源，检查每个舵机与斜盘工作状态是否正常、是否有卡滞现象；③检查遥控器电池及每组电池电线是否破损，电池是否有膨胀，电压是否正常。

针对油动单旋翼植保无人机，除以上8项维护与保养注意事项，还应注意对火花塞、离合器等的检查，具体为：①火花塞检查。检查燃烧状态及油气混合比。②离合器检查。顺时针旋转离合器罩，观察是否卡壳、不顺畅，正反向都应旋转顺滑。

必要时，可拆掉皮带检查。③机载电池电量、传动箱润滑油、冷却液和遥控器电池电量的检查。根据具体情况要及时补充润滑油和冷却液，电池需及时充电。④油路、电路检查。检查冷却液管路、燃油管路是否有漏液现象，检查电路是否完好、连接是否结实可靠。此外，油箱不可长时间存放在车厢里，若油箱带油存放，请不要拧死通气口。

2. 锂电池的使用

锂电池需求数量大、使用频率高、产品价格高，并且是较为"娇嫩"的电池类型，所以其维护与保养极为重要。

植保无人机锂电池使用注意事项如下：

（1）应定时慢充，以利于电池电压平衡。不应长期只使用快充，否则会降低锂电池使用寿命。

（2）不应高温充电，高温充电会造成电池寿命下降。

（3）长期不使用时，电压保持在 3.8~3.9 伏，并每隔 1~2 个月进行一次完整的充放电。

五、操作人员安全防护

操作人员工作全部完毕后，应及时更换工作服，并用肥皂清洗手、脸等裸露部分皮肤，用清水漱口。

第十章　植保无人机维护保养

第一节　植保无人机动力与电机故障

一、植保无人机出现动力饱和的原因、预防和解决方案

1. 植保无人机出现动力饱和的原因

（1）在高海拔地区飞行作业时，空气稀薄，导致桨叶旋转时动力不足。

（2）电机电调在作业过程中出现故障，不能提供正常的工作状态。

（3）桨叶上面附着有异物或桨叶破损，会使电机负荷突然增加。

（4）飞行作业过程中突然遭遇强风，植保无人机需要占用一部分动力以维持飞行姿态。

2. 植保无人机出现动力饱和的预防

（1）使用合格、功能正常的动力电池。

（2）起飞前，必须检查电机、电调、桨叶的状态。

（3）要养成清洁、保养动力系统的习惯，必须保持电池、桨叶表面干净。

（4）大风、大雾、下雨等天气条件下，不要强行飞行作业。

（5）避免植保无人机在动力饱和时"带病"作业。

3. 出现动力饱和的解决方案

（1）在高海拔地区飞行作业时，建议选用适合高原作业的特种桨叶，遥控操作尽量保持平缓姿态。

（2）将电机、桨叶上的附着异物擦洗干净，断电后重新启动植保无人机。

（3）遭遇恶劣天气，立即降停植保无人机。

（4）如果发现电调异常，必须认真检查电调连线，及时排除连线原因或更换电调。

（5）连接调参，适当调大带宽。

二、植保无人机出现电调故障的原因、预防和解决方案

1. 植保无人机出现电调故障

（1）炸机引起的线路损坏。

（2）由于进水引起的电调损坏。

（3）高温作业环境会电影响使用寿命，甚至损坏电调。

2. 植保无人机出现电调故障的预防

（1）炸机大多数情况是因飞控手原因引起的，平时必须模拟实际作业场景训练，特别是要模拟复杂环境的作业进行强化训练。

（2）清洗植保无人机时，不要将水溅到电调。

（3）雨天不要飞行作业。

（4）高温条件下，不要飞行作业。

（5）避免植保无人机在电调故障时"带病"作业。

3. 植保无人机出现电调故障的解决方案

作业前，认真检查电调，若发现问题，必须及时维修或更换电调；用万用表检查主控到电调的信号连接线，若发现断路，必须及时更换线材，检查焊点处信号线焊接情况；若发现短路，必须重新焊接；如果排除线路问题后还是报警，必须更换电调。

第二节　植保无人机水泵及雷达故障

一、植保无人机出现水泵故障的原因、预防和解决方案

1. 植保无人机出现水泵故障的主要原因

大多数情况是因为使用对水泵损伤较大的药剂，由于药液在传输、作业过程中产生沉淀，导致水泵内残留药渣影响其正常工作。

2. 植保无人机出现水泵故障的预防

（1）选择使用飞防专用药剂或适合飞防作业的普通药剂。

（2）不要使用粉剂、可湿性粉剂、水分散粒剂等黏稠度大的药剂。

（3）稀释药剂时不要使用浑浊水，必须使用干净清洁水。

（4）稀释药剂时，最好采用二次稀释法。

（5）将配好的药液灌入药箱时，必须过滤。

（6）避免植保无人机在水泵故障时"带病"作业。

3. 植保无人机出现水泵故障的解决方案

（1）拆开水泵，清理内部残渣。

（2）更换水泵。

二、植保无人机出现雷达链路异常的原因、预防和解决方案

1. 植保无人机出现雷达链路异常的原因

（1）雷达线路异常，接插口脱落。

（2）正常定高飞行，雷达监测到地面散波，触发雷达链路异常。

（3）雷达接口渗水会导致雷达链路异常，一并引发的还有中心板故障、航线过程中自动切换姿态模式等问题。

2. 植保无人机出现雷达链路异常的预防

（1）加药时避免药液漏出药箱，渗入雷达。

（2）存放时避免潮湿环境。

（3）每天作业完毕后及时擦洗雷达，保持表面干净。

（4）避免植保无人机在雷达链路异常时"带病"作业。

3. 植保无人机出现雷达链路异常的解决方案

检查雷达接口至各个雷达链路是否有断路情况，若发现问题，及时维修或更换。

第三节　植保无人机其他故障

一、植保无人机出现飞行状态不稳的预防和解决方案

1. 植保无人机飞行出现姿态不稳的预防

（1）桨叶损坏更换时，需将一对桨叶同时更换，否则会影响桨叶动平衡，造成飞行姿态不稳定。

（2）每次更换作业场地需进行一次指南针校准，然后进行空机试飞，观察搜星情况、飞行器状态，然后再开始载重作业。

（3）带指南针的脚架注意防潮，做好保护措施。

（4）植保无人机出厂时，电机是有一定角度，如果更换小臂，则需要调整电机角度。

（5）避免植保无人机在飞行姿态不稳时"带病"作业。

2. 植保无人机出现飞行姿态不稳的解决方案

（1）检查桨叶松紧、桨叶垫片安装有无错误。

（2）重新校准惯性测量单元。

（3）拆开查看惯性测量单元胶垫是否松动，清理灰尘，更换惯性测量单元或指南针。

（4）校准遥控器。

（5）刷剐器顺、逆时针各转 3 圈。

（6）更换小臂后，调整电机角度。

二、植保无人机出现指南针异常原因和解决方案

1. 植保无人机出现指南针异常的原因

（1）通常是由于人为组装或者维修时，未将指南针连线连接好，指南针连线断开或者接触不良。

（2）指南针受磁场干扰，指南针被环境干扰。

2. 植保无人机出现指南针异常的解决方案

（1）指南针数据异常，把脚架和上壳拆开，检查脚架和 GPS 的连线是否断开。

（2）指南针受磁场干扰，可以先校准指南针，看警报是否解除，如果解除可以继续飞行，如果没有解除则说明附近确实有环境干扰，建议更换场地飞行。

（3）植保无人机出现指南针异常时，停止飞行作业。

三、植保无人机出现流量传感器异常原因和解决方案

1. 植保无人机出现流量传感器异常的原因

（1）流量传感器内部拆开后会看到一个小叶轮，如果药液中含有较多杂质，那么叶轮工作时不停地旋转，长期磨损有可能致使叶轮损坏。

（2）喷洒系统内部管路堵塞也会提示流量传感器故障。

2. 植保无人机出现流量传感器异常的解决方案

（1）清理管路，清洗流量传感器。

（2）更换流量传感器。

（3）植保无人机出现流量传感器异常时，停止飞行作业。

四、植保无人机喷洒系统故障预防

植保无人机就是一个"会飞的喷雾器",其喷洒系统对防治效果影响很大,为了保证防治效果,必须保证喷洒系统能够正常工作,一般应该采取以下有效措施:

(1) 保证植保无人机在每一个工作部件都正常时作业,千万不要带病作业。

(2) 不要在恶劣天气条件下作业。

(3) 不要超负荷、超工作量作业。

(4) 每天作业完后,必须清洗药箱、滤网、药管、流量计、喷头灯,防止药液干涸凝固堵塞喷洒系统。

(5) 配制药液时宜采用二次稀释法。

(6) 配制药液时不要使用浑浊水,必须使用干净清洁水。

(7) 配好药后,必须使用滤网过滤药液,尽量减少药液中的杂质,避免使用粉剂等黏稠度大或是易产生沉淀的药剂。

(8) 作业完成后,及时将流量计内的药液或水放干,防止药液腐蚀,延长使用寿命。

主要参考文献

陈宇飞，2019. 大田作物病虫草害绿色防控技术问答 [M]. 哈尔滨：黑龙江科学技术出版社.

何雄奎，2019. 植保无人机与施药技术 [M]. 西安：西北工业大学出版社.

何雄奎，程忠义，2018. 无人机植保技术 [M]. 北京：中国民航出版社.

金濯，2018. 植保无人机应用技术 [M]. 北京：中国农业出版社.

刘海龙，等，2019. 蔬菜栽培与绿色防控技术 [M]. 杨凌：西北农林科技大学出版社.

刘旭，刘虹伶，2018. 果树主要病虫害绿色防控技术 [M]. 成都：电子科技大学出版社.

魏东晨，2019. 果树病虫害绿色防控图谱 [M]. 北京：中国农业科学技术出版社.